启真馆 出品

启真·科学

日用器具进化史

[美]亨利·波卓斯基 著
丁佩芝 陈月霞 译

The Evolution of Useful Things

ZHEJIANG UNIVERSITY PRESS
浙江大学出版社

目　录

序　连续的创造

在我们居住的生活环境里，除了天空及树木等自然景观之外，目及之处尽是人工所造：我眼前的书、书桌及电脑，我身后的椅子，地毯及门，头上的屋顶，窗外的马路、车辆及建筑物，这些都是经由人工把自然物分解组合的成品，即使连天空也受到人为污染的影响，而树木的培育也多少必须配合人为的绿化景观。在城市中，感官可以感受到的一切莫不受到人为的影响，我们亲身体验了这个由历代人类“设计”出来的物质世界。

整个物质世界是如何演变成今日的样貌呢？为何这个器具的样貌不是另一种样子？过程到底如何？同样功能的器具在不同的文化中有不同的样貌，这过程又是如何？西方的刀叉和东方的筷子的演进原则是否相同？西方的锯子靠推力切割，而东方的锯子靠拉力切割，有什么理论可以解释？如果“功能决定形式”的说法无法解释得通，整个物质文明演进的原则又是什么？

这些问题使我开始着手撰写此书，这本书是我前两本书的延续：一是探讨器具为何会破裂的《设计，人类的本性》（*To Engineer is Human*），以及另一本《铅笔》（*The Pencil*），从文化、政治及工业科技的角度追溯单件器具的演进过程。我着重探讨的并非器具的缺点，而是这些缺点所衍生的意义。整本书也在反驳“功能决定形式”的说法，直探创造过程的本质。

器具的进化是连续的，是以过往的器具为基础，书籍亦然。在写作本书期间，承蒙许多图书馆及馆员提供许多软硬件的资源，受益匪浅。在此感谢杜克大学工程图书馆（Vesić Engineering Library）馆长埃瑞克·史密斯（Eric Smith），他非常耐心地帮助我收集资料，并提供我原先未曾想过的渠道。还有杜克大学帕金斯图书馆（Perkins Library）公文室的斯图亚特·贝思斯盖（Stuart Basefsky），由于他的协助，我才能取得专利申请的文件档案。另外，北卡罗来纳大学希尔图书馆（D. C. Hill Library）的专利申请文件档案中心也提供了许多宝贵资料，还有许多厂商热心提供产品目录及公司简介，许多朋友、读者和收藏家鼎力相助，使得资料更加完备。

本书的许多观念是过去数年来，我和许多发明设计家经由不断的讨论所酝酿而成的。该感谢的人太多，无法一一指名道姓，其中特别感谢弗里曼·戴森（Freeman Dyson）、尤金·弗格森（Eugene Ferguson）、梅尔文·克兰兹伯格（Melvin Kranzberg）及沃尔特·文森蒂（Walter Vincenti）的帮助。

最后感谢古根海姆基金会（John Simon Guggenheim Memorial Foundation）提供的研究奖助金、帕金斯图书馆的读书室、帮我整理杂乱初稿的助理编辑格林（Ashbel Green），以及我亲爱的家人。

杜克大学帕金斯图书馆

1992年4月

第一章　从刀、叉、筷说起

我们每天使用餐具就如同使用双手般自然；不论是刀、叉、汤匙都像手指头般听话，好像只有在餐桌上，与使用左右手习惯不同的人手肘相碰时，才意识到自己在使用餐具。这些便利的餐具是如何发明的，又为何让我们觉得使用起来再自然不过？是先人一时的灵感，大叫一声“啊！我知道了！”还是随着人类慢慢演化？为何西方餐具令东方人觉得新奇，而西方人使用筷子总是笨手笨脚？我们的餐具完美无缺吗？还是有待改进？

餐桌上这类的话题，可以延伸到所有器具发明的起源及演化。寻找答案的过程可以帮助我们明了一般科技发展的本质，因为餐具的发明与史前古器具的发明原理有互通之处。了解各式各样餐具的起源，可以帮助我们了解各种物品，小至水壶、锤子、曲别针，大至桥梁、汽车及核电厂。探究刀叉、汤匙的发明缘由可以导出科技演化的理论。当我们发现自己对餐具的了解是如此少，就是一个好的开始，让我们开始思考发明、创新、设计及技术之间的关系，这也正是接下来我们要讨论的。

有些人曾在书中指出事物的起源。翁贝托·艾柯（Umberto Eco）及罗洛黎（G. B. Zorzoli）合著的《发明图画史》（*Picture History of Inventions*）一书中明确指出：“我们今日使用的事物之所以会被发明，都是以史前时代的事物为基础的。”乔治·巴萨拉（George Basalla）在《科技的演进》（*Evolution of Techonology*）一书中亦开宗明义指出：“新事物的出现都是以现有事物为基础。”类似的推断与餐具的发明缘由不谋而合。

我们的祖先当然得进食，但用什么方式呢？无疑的，一开始一定像野兽般，因此我们推断：他们使用牙齿及指甲撕裂蔬果鱼肉，但是力量有限，无法将所有食物都撕成小块。

以刀代手

发明刀子的灵感被认为是源于燧石及黑曜石的碎片，其坚硬的质地及尖锐的边缘，可以刮、刺，以及切割蔬菜鱼肉。至于当时的人是如何想到要利用燧石的，至今仍众说纷纭。但其实也不难想象先人会注意到这种尖锐物，比方说，很可能有人赤脚走路被燧石割伤，便想到利用这种燧石。后来学样寻找燧石的行为在发明上的意义便小得多。当燧石数量减少，先人便转而寻找其他的碎石，这灵感也许来自看到落石碎片的自然现象。

于是，史前人类越来越擅长找寻、制作及使用燧石刀，自然也开始寻找发展其他灵巧的器具。随着火的发明，他们开始烹煮食物，但是切过的肉片不方便直接在火上加热，更谈不上烹煮，于是，他们开始使用树枝来串肉片，就像今天的小孩烤棉花糖的方式；尖锐的树枝极易从树丛中取得，可防止烧烤食物时，手指被火烧到；大块的肉先用较大的树枝串起来烤，烤好后再用燧石切成块状，围在火旁的人用尖锐的树枝或直接用手挑食肉片。

今天使用的刀子就是从燧石及树枝的使用中得到灵感的。古时候，叉子是铜制或铁制的，叉柄则是由木头、贝壳或兽角制成。刀子的使用非常普遍，可当餐具、武器或一般工具（见图 1-1）。在撒克逊时代的英国，刀子是常人随身携带的工具，不过一般平民还是潇洒地徒手取

图 1-1　这把旧式英国撒克逊刀，上面刻有花纹并有一行文字："杰伯瑞特之刀"（Gebereht owns me）。早期刀子被视为重要的个人财产，作为武器及切割食物用。这把刀的刀柄已遗落，大概是用木头或兽骨制成的。

食，但比较有教养的人则开始养成使用刀子的习惯。在正式场合中，通常是把食物切好后摆在面包上，再用刀子取食送入口中，以保持双手干净。

我第一次只用刀子进食，是数年前在加拿大蒙特利尔的一次餐会上，地点在一个剧场，沿着舞台三边并列摆着数张木桌，约有百来个人。餐点很丰富，包括烤鸡、马铃薯、胡萝卜及蛋卷，但每个人只分到一张纸巾及一把刀。吃较硬的胡萝卜及马铃薯时还算容易，可用刀身切片，再以刀锋挑起送入口中。但是切鸡肉则难倒了我。我本来想用蛋卷来固定鸡肉，没想到肉很烂，一下就碎了，只好用手指取食。印象最深的是，整晚我的手指都黏糊糊的。若是再多一把刀不是方便、文明得多了吗？

另外一次只用一把刀进食的经验，是去访问得州农工大学，在返回北卡罗来纳州之前，一位接待人建议我试试道地的得州烤牛肉，并推荐了一家在该校师生中极具口碑的餐厅。得州烤牛肉和我平时喜欢的美国东南部烤猪肉不同，于是我点了一份特餐，侍者上了几片牛胸肉、两颗烤洋葱、一条粗黄瓜、一大份 V 形奶酪及两片白面包，全包在一大张兼具餐具及桌垫功效的油面白纸上，而纸上摆着一把木柄的刀。

我学其他人用刀锋挑起一片牛胸肉，摆在一片面包上（中古时代，这种肉通常会摆上四天，让它变得硬一点，以便较好盛肉及汤）。接着，我们将这大型三明治切成小块，味道非常可口美味。虽然只有一把刀，但非常锐利，而且食物本身坚硬，在纸上切起来不会滑动，还挺好用的。不过，接待我的那位朋友，用起刀来非常随意，不禁令我一面吃一面担心，很怕他会伤到自己。他还戏谑地表示，希望在用刀将食物送入口中时，不会有朋友走过来拍我们的肩膀。

用两把刀进食似乎更加危险，但在中古时代，这可是最讲究的餐桌礼仪。惯用右手者，左手持刀将食物固定，右手持刀切割食物，再用刀锋将食物送入口中。使用双刀是一大进步，用得好的人就像今天我们使用刀叉般自然。

一刀固定，一刀切割，这样就可避免用手碰触食物。但锐利的刀通常不好握，当我们用两把刀切丁骨牛排时就知道了；固定牛排得花力气，手很容易酸，切牛排时，牛排又常滚动。因此，用手固定食物来切割还是很普遍的现象。

叉子问世

用刀的种种不便，促使叉子问世。古希腊罗马时代就有类似叉子的器具，但在文献中并没有记录其曾应用到餐桌上（见图 1-2）。古希腊的厨师是有一种厨具类似叉子，将肉从烧滚的锅中取出，以免烫到手。海神的三叉戟及草叉也是类似的器具。

最早的叉子只有两个尖齿，主要摆在厨房，以便切主食时固定食物，其功用和先前的刀子相同，但可防止肉类食物卷曲滚动。史前时代的人类早该想到发明叉子，因为他们当时就懂得利用直的树枝串肉来烤，而叉状树枝也随处可见，但是隔了好久叉子才成为餐具。大约在 7 世纪的中古时代，贵族们才开始使用叉子，而到 1100 年时才传入意大利。一直到 14 世纪，叉子作为餐具的功能才比较明显。法国国王查理五世（在位期间从 1364 年到 1380 年）的宫廷物品清单中列有金叉银

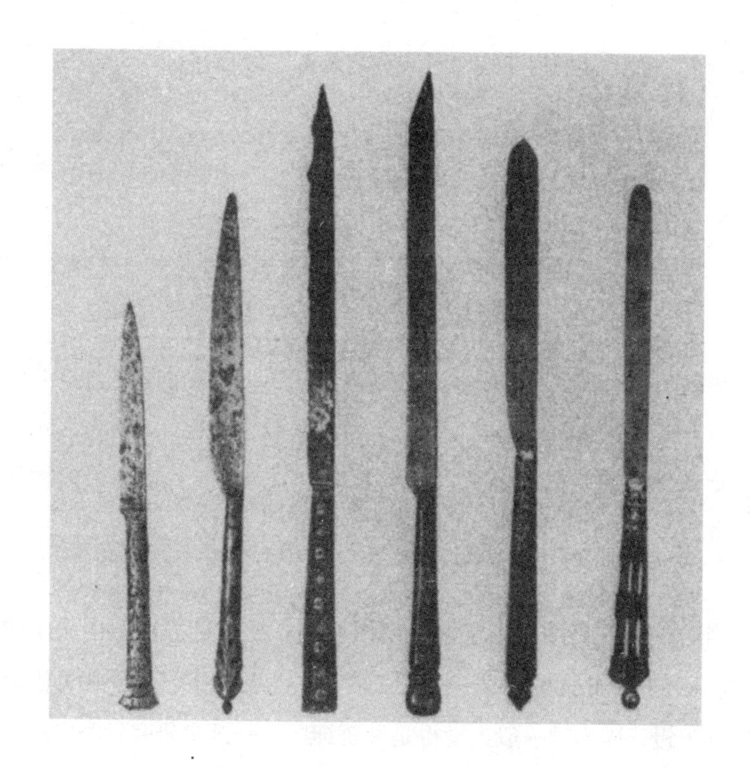

图 1-2　刀子一如其他的器具，常常出现新款式，特别是在刀柄的部分。图上的英国刀，分属 1530 年、1530 年、1580 年、1580 年、1630 年及 1633 年，尽管式样不一，但刀形大致不变，一直到叉子发明后，餐具才有较大的改革。

叉，并注明“吃桑葚或易污手的食物时用”。叉子用在一般餐桌上，是在 1533 年，当意大利美第奇（Médicis）家族的凯萨琳嫁给法国王储亨利二世时带过去的习惯。不过，在当时使用叉子被认为是种做作的行为，如果食物没叉好，中途掉落会遭讪笑。过了一段期间，叉子的使用才普遍起来。

一直到 17 世纪叉子才出现在英国。英国人托马斯·柯亚特（Thomas Coryate）于 1608 年游览法国、意大利、瑞士、德国，三年后，将部分所见所闻记录于《雪泥鸿爪》（*Crudities Hastily Gobbled Up in Five*

Months）一书，其中柯亚特对意大利之游有一段描述：

> 我在意大利的城镇观察到一种习惯，是其他国家或任何基督教国家所未见的。意大利人及境内的外国人用餐时使用一种叉子，用叉固定食物，用刀切肉送入口中，因为用手碰触食物是被禁止的，一旦违反会遭白眼或斥责。叉子的使用在意大利非常普遍，多为铁制或钢制，也有银制品，但只有贵族使用。叉子这玩意儿存在，是因为意大利人觉得并非所有人的手指都是干净的，无法忍受别人用手碰触食物。我也学他们使用叉子，不仅在意大利、德国时这么做，回到英国之后偶尔也继续使用。

当时英国人仍用手固定食物以便切割。柯亚特曾戏谑用叉子的人为“Furcifer”，此词的意义一为用叉者，一为死刑犯。叉子在英国流行的速度很慢，因为“一般人觉得是种矫饰”——这是研究发明史的学者约翰·贝克曼（John Beckmann）在当时一位剧作家的作品中，找到的对一位用叉子的游客所作的描述。另外，剧作家本·琼森（Ben Jonson）在1616年的作品《魔鬼是头驴》（*The Devil Is an Ass*）中亦有一段令人发噱的文字：

> 叉子的使用是多么可笑，
> 从意大利传入，
> 想要借此节省餐巾。

不过，后来叉子渐渐受到重视，琼森在另一部作品中写道：“必须学习使用银叉。”

叉子之所以好用在于叉齿，要多少叉齿才最好用呢？如果只有一根叉齿就不足以称为叉子，甚至比不上刀子好用。鸡尾酒会上所用的牙签也略有叉子的功效，但用牙签叉龙虾蘸酱汁时，却十分不便，龙虾很容易滑落，就算不掉下来，蘸酱汁时也会不停转动，酱汁还沿路滴落，送入口中得小心翼翼。但单叉齿的叉子并非没有生存空间，刮奶油的签棒、吃法式蜗牛及坚果的钩棒，都算是单齿叉，毕竟蜗牛及胡桃容不下第二根叉齿。

双齿叉则是切食食物的理想工具，用来固定食物以利切割，并帮忙将食物分送到小餐盘上。这类叉子的功能发挥得很好，所以样式一直没有改变，但餐桌上进食者个别用的叉子则不然。

随着叉子的使用日益普遍，其形式也不断改变以改善功能。最早是模仿厨师用来切分食物的双齿叉，用以刺取肉类，叉齿愈长效果愈好。但是用餐不比在厨房工作，两者该有所区别，故从 17 世纪起，餐桌上的叉子叉齿变得较短而薄。

叉齿间要有点距离才便于固定食物，这是不成文的规定。但有些较小块的食物很容易从齿缝中溜走，因此出现了三齿叉，这样食物送入口中时较不易中途掉落，这可算是一大改良。

后来又出现四齿叉。18 世纪德国人使用的四齿叉已和今日使用的没什么差别。在 19 世纪的英国，四齿叉已成为标准形式，当时也曾出现五齿、六齿，但都不如四齿好用。四齿叉的叉面有点大，又不会太大，便于将食物送入口中，并且不会产生梳子的联想。德国银器制造商威尔肯斯（Wilkens）曾制造五齿叉，主要是基于外观效果而非使用功能，商品宣传重点也是在于其特别的外观。现代许多三齿叉也是基于同样的原因，有些甚至出奇制胜，将叉齿做得细细弯弯，而失去叉食物的功能。

相互为用

叉子的演变影响了刀子的演进。既然叉子叉食物的功能很完善，刀子的顶端就没有必要为叉取食物而做成尖状。为何刀子不像一些其他的器具仍保留没有功能的部分呢？主要是当时的社会背景，随身带刀的人不仅用刀子进食，更重要的是用刀子防身，毕竟进食时用手指即可。伊拉斯谟（Erasmus）在 1530 年出版了一本有关饮食礼仪的书，其中指出："最多用到三根指头，就可取用食物。"可见在当时用手取食是合乎礼节的。使用刀子时，小孩常被斥责："不要用刀尖剔牙！"另一本法文的学生指南，指导学生用餐时将刀锋朝己，不要朝向他人，免予人威胁感。这样的习惯一直流传至今。例如在意大利，只用叉子进食时，可将另一只空手摆在桌面，就是因为空手等于是对同桌者表示未携带武器，这样的行为不会像在美国一样被视为不礼貌。

据说，黎塞留主教（Cardianl Richelieu）很讨厌一位餐桌上的常客习惯用刀子尖锋剔牙，而要求属下把所有刀子的尖锋磨平。1669 年法国国王路易十四为减少暴力事件，谕令携带尖锋的刀子一律违法。再加上叉子逐渐替代刀子的功能，刀子就变成今日我们所熟悉的钝头刀。到 17 世纪末，刀身变成半月形，到了 18 世纪刀子变得更不像武器。刀头变得更钝，可补双齿叉之不足，将不好叉的食物，像豆类或其他较小的食物，用钝头的地方将食物送入口中。有些刀还将顶端稍微右弯，以便使手不太费力就可以将食物送入口中（见图 1-3）。

19 世纪初，英国的餐桌用刀的刀身两侧开始做成平行，这也许是受到工业革命蒸汽机问世的影响。因为机器制造这种形状的刀子比较省工，也可能因为叉子已有取食的功能，刀子只纯做切割用。这种刀子在 19 世纪很风行，涂抹奶油的功能更强于切割。但是，除非刀刃棱线超过握柄，不然只有刀锋使得上力。也因此，刀身的底部渐渐变成我们今

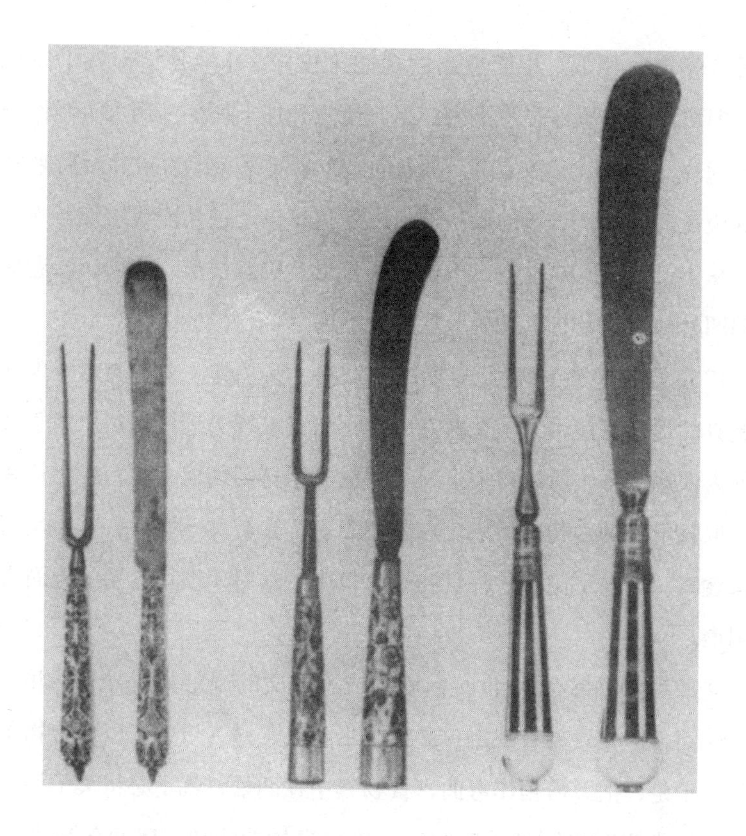

图 1-3　早期的二齿叉切取肉块很方便，但是无法夹取豆类等会滚动的食物。这些头呈球茎状的刀，可补双齿叉之不足，且手无须太费力。这些英国餐具分属 1670 年、1690 年及 1740 年的产品。

日熟悉的凸圆形。刀身的上半部在防止刀身弯曲，形状则两个世纪来都没有变化。

餐桌用刀不断改进，但是厨房用刀却几世纪都没有变化，刀锋仍维持当初从燧石演变而来的尖状。餐桌用刀的刀刃不够锐利的缺点，在切牛排时最为明显，因此牛排刀又变回厨房用刀的形式。

刀叉的演变互相影响，汤匙则独立于外，汤匙大概是最早的餐具，源于以手取食物时手的形状，但是用手毕竟不便。于是蛤、牡蛎及蚌壳的外壳便派上用场。甲壳盛水的功能比较好，也可使手保持干净和干燥，但舀汤却容易弄湿手指头，因此便想到加上握柄。用木头制作汤匙可同时做个握柄，英文汤匙（spoon）这个词原义即为木片。后来发明用铁模铸造汤匙，汤匙的形状可自由变化，以改进功能或增加美观，但是，从 14 世纪到 20 世纪，不论是圆长形、椭圆长形、卵形，汤匙盛食物的凹处部分还是与甲壳的形状相去不远。

17 世纪晚期及 18 世纪早期的欧洲刀、叉、匙，大致决定了现在欧美餐具的形式。使用叉子及左右手使用餐具被视为理所当然。由于大部分的人惯用右手，所以习惯上，灵活的右手持刀切取食物，左手持较钝的刀取较滑溜的食物。后来，左手用刀进一步被叉子取代，右手用刀只切铲食物，而左手用叉子将食物送入口中，这对于惯用右手的人而言并不困难。

这种用餐习惯在 18 世纪前就渐成不成文的规定。当时叉子并无所谓正反面，但是发现有缺点：必须水平将叉子送入口中，以免食物中途滑落。于是，把叉齿稍作弯曲，食物集中在凹处，就不必将叉子举得那么高，切食物时也因叉子有弯度，比较容易看清楚。18 世纪中期，这种有弯度、正反两面的叉子成为英国的标准样式。

在殖民地时代的北美十三州，叉子还很罕见，根据文献上对马萨诸塞州日常生活的描述，最早一把叉子是由州长温斯普（Winthrop）于 1630 年引进的。17 世纪的新大陆，“刀、匙、手指加上一堆餐巾就足以合乎餐桌礼仪”。18 世纪初才出现少数叉子。此外，英国进口的刀子顶端已不再做成尖状，北美人也不再用刀扎取食物送入口中。

现今美国人是如何学会使用刀叉似乎已不可考，只能臆测。早期较讲究的殖民地居民大概同时使用刀子和汤匙，以保持手指免于碰触食物，这是从“spic and span”（刀和匙）这一词汇的另一个意思“很干净”推测而来的。考古学家詹姆斯 · 迪兹（James Deetz）在描述早期美国生活的《被遗忘的小东西》(*In Small Things Forgotten*)一书中探究餐具的演变。(此书名源自殖民地时代遗产记录表的项目名，指遗产中较无价值的小东西所并归成的一项。叉子及餐具的用法并未在这种遗产记录表中出现。)

锯齿前进

迪兹认为，殖民地时代人们在没有叉子的情况下，左手用汤匙压住食物以便右手用刀切割，再将汤匙转到右手(对惯用右手者)，以匙面朝上取食物送入口中。叉子出现后，人们改成刀叉并用。用左手拿叉子固定食物以便右手用刀切割，再将叉子转到惯用的那只手取食入口。这种说法可由最早叉子被称为“开叉汤匙”(split spoon)得到佐证(见图 1-4)。这种不断换手用叉子的习惯，艾米莉·博斯特(Emily Post)还特别取个名字叫“锯齿前进”(zigzagging)，流传至今，和欧洲所谓“行家吃法”(expert way of eating)相映成趣。

一如其他地方，美国到 19 世纪时餐桌礼仪及餐具都还没有统一。虽然坊间出现许多礼仪手册，但一直到 1864 年，伊莉莎·莱斯利(Eliza Leslie)在《淑女手册》(*Ladies' Guide to True Politeness and Perfect Manners*)一书中仍指出“许多人拿叉子极笨拙，好像还不习惯”。弗朗西斯·特罗普(Frances Trollope)在 1828 年也曾描述密西西比河汽船上的用餐者:“有些将军、上校和少校用餐时将整个刀身都送入口中，十分吓人。”那时，用餐刀的刀锋已不再做成尖状，许多人在餐后常拿出随身携带的刀剔牙。但到了下一代，特罗普的儿子观察到的情形却大有改善，有次他在肯塔基州的旅馆用餐时很惊讶地发现“满身油污的卡车司机用起刀叉来，餐桌礼仪不逊于英国司机”。

1842 年，小说家狄更斯(Charles Dickens)在美国旅行，观察到宾

图 1-4　有“开叉汤匙”之称的三齿叉、四齿叉出现后，刀子就失去了取食的功能，因此，原先球茎状的刀身也改成比较容易制造的形状。不过，习惯并非一日可改，19 世纪时较不讲究的人还是用刀子取食。图中餐具分属 1805 年、1835 年及 1880 年的产品。

州运河渡船上的乘客：“刀叉深入喉咙，我以前只看过要戏法的人这样做。”叉子日渐普及，但仍有人反对，认为用叉子吃豆子好比用缝衣针捞汤，因而一般人大多随意选择是否用叉子，但到 19 世纪，比较讲究的人“除了下午茶，吃什么都用叉子”。于是，后来还出现了吃鱼专用叉及点心专用叉。

欧美人使用的餐具刀叉并非文明人解决饮食的唯一之道。雅各布・布罗诺斯基（Jacob Bronowski）指出："刀叉不仅代表餐具，更代表一个会使用餐具的社会所使用的餐具，而这个社会是个特别的社会。"像爱斯基摩人、非洲人、阿拉伯人及印度人到今天还是用手指用餐，遵循餐前餐后洗手的老规矩。其实，今天西方人在吃某些食物时还是用手取食。例如美国的汉堡和热狗，外面那层面包可使手指免于油腻。墨西哥脆饼的外壳也是基于这个道理，虽然效果较差，其"甲壳"般的形状令人联想起最早的食物容器。这些例子显然是为了同样的目的——使手保持干净，其实可以有不同的方法来实现这个目的。

手指的延伸——筷子

东方人使用筷子有 5000 年之久。筷子相当于手指的延伸。关于筷子的起源，有种说法是：古时候，用大锅煮食物，往往煮熟后许久，锅子还冒着热腾腾的气，饿急的人常常急着吃而烫到手，于是改用两根树枝将食物从锅里捞出并送到嘴里。另一种说法是：孔子反对在餐桌上用刀，刀使人联想到厨房及屠宰场，有违"君子远庖厨"。所以中国食物都先切成可入口的大小，或是煮烂到可以用筷子撕裂的程度才上桌。

筷子一如西方的餐具，不断改进才变成今天的形状——夹食物的那端是圆柱形，另一端则是近似方形。最早使用树枝，从大锅取食还蛮好用，但在正式的宴客场合则不理想，于是逐渐将树枝削成适度的长短，后来又进一步发现，筷子太细不能适时撕裂食物，太粗又不好握，于是改成上端粗下端细，并把顶端做成近似方形，以免手握滑溜，两个问题同时解决了。

一步一脚印

从演化的角度来看诸如刀、叉、筷等器具的发明，我们得知其过程充满实验性，并非发明者一开始便胸有成竹，而是使用者不断发现缺点后，再一步一步改进。文化、社会及技术都是影响因素，演化过程的每一步都会影响下一步的发展。

这种认知让我们了解“功能决定形式”的说法有其不足之处。姑且不论东西方餐具之迥异，光看刀叉的演变，就知道影响器具演变的原因不止一项。

真正决定器具形式的是使用者所发现的缺点。发现缺点后不断改进功能，不同地区、不同的人，所观察及注重的缺点不同，改善之方法也互异。因此，不同的文化产生不同的产物，即使像餐具般简单的器具也没有单一的形式。

餐具的演变为一般器具的发明提供了很好的例子，技术对发明有相当的影响，就连材质——做筷子的木头及做刀叉的金属——也会影响器具的形式和功能。技术突破的影响更大，如不锈钢的发明影响餐具的价格及普及率。刀、叉、匙的演变史也说明科技与文化间的互动关系。此外，政治、仪态要求及个人偏好也同样影响器具的形式，而器具的演变也回头影响社交礼仪。

但是技术及文化如何交互影响塑造餐具之外的世界呢？能否找出共同的法则？高科技的产品是否就合乎“功能决定形式”的说法？还是这个说法只是逃避寻求真相的借口？餐具样式不断推陈出新，难道只是商业花招，诱使顾客购买不需要的东西？还是器具就如同生物，基于大自然的奥秘而随时演化？“需要为发明之母”可以解释一切吗？还是只是老生常谈？这些都是引发我写作此书的动机。本书首先从餐具谈起，再举其他器具，相信本书这样的安排有助探讨这些问题。

第二章　缺点为改良之母

刀叉由燧石及树枝演化而来，汤匙由并手取物和贝壳的形状演变而来，都是富有想象力的社会科学家所作出的合理推测，同时也代表所有器具发明的共同原则：不断寻求改进以合乎人类的需求——更方便、更经济。器具不断变化的原因就在于：还不够令人满意。

不够令人满意可以说是不能满足人的需求，但其实真正推动工业技术革新的力量，在于人的欲望而非需求。例如，空气和水是人类不可或缺的，但空调及冰水却非民生必需品。人类生存需要食物，但叉子却非必要餐具。与其说“需要”（necessity）为发明之母，不如说“享受”（luxury）为发明之母。每项器具多多少少都有改善空间，这也正是革新的力量。

因此，所有器具都不断改变，以适应不断发现的缺点。一切的发明、创新都不离此原则，这也是推动发明家、革新者及工程师的动力。于是，我们可以得到以下的结论：没有东西是完美的，我们对完美的定义也在不断改变，也因此所有事物都会随时变化。完美器具并不存在，完美只是一个词，并不是真实事物。

如果，这个假说是正确的，应该能适用于任何我们能想到的事物。应该能够解释别针及拉链、汉堡包装及铝、胶带及吊桥。这个假说应该也必须能够解释，为何有些事物尽管有明显的缺点，却还是维持现状。同时也能说明为何有些事物越变越糟，为何有些事物不用以前较好的形貌。对发明家及设计家的著作若能先有番了解，将有助于我们从事个案研究以测试这个假说。

近来出版的有关器具设计及演变的书籍，对历代发明的器具数目都做过一番估计。《日用品的设计》（*The Design of Everyday Things*）作者唐纳德·诺曼（Donald Norman）描述他坐在书桌前，发现自己置身于一堆发明物品中：写字的工具（铅笔、圆珠笔、钢笔、记号笔及荧光笔等）、书桌文具（回形针、胶带、剪刀、拍纸簿、书籍及书签等）、扣件（纽扣、按扣、拉链及系带等）。诺曼数了上百种物品到数累为止，他指出日常生活中我们可接触到约两万种发明物品，引用心理学家欧文·比德曼（Irving Biederman）的数据："成人日常生活中可轻易指认三万种物品。"这个数目是词典中具体名词的数量。

巴萨拉在《科技的演进》中又指出："过去两百年来，单单美国就有500万个专利案件，可见人类创作器具之丰盛。"（还有些新事物并未申请专利。1957年到1990年，美国化学学会电脑数据库加列1000种化学物质，由此亦可窥知人类研究工作之繁盛。）巴萨拉还说："继达尔文进化论之后，生物学家所指认的动植物物种已达150万种，若每一种发明物亦视为一种有机物种，科技的演化是有机物的三倍之多。"他提出书中所要探讨的最根本的问题：

> 器具种类之繁多一如生物物种般惊人。想想从石器到微晶片，水车到宇宙飞船，大头针到摩天大楼。1867年，卡尔·马克思（Karl Marx）惊讶于光是英国伯明翰一地，就制造了500种功能各异的锤子，是什么力量让这样一个普通的工具有这么多形貌？为何有这么多种不同的东西？

巴萨拉不赞成传统的说法，把科技的演进归于实用性与需要。他希望找到更好的解释，能涵盖生命的意义与目标。巴萨拉发现可将有机物的演化应用至工业技术方面，但应用时得小心，毕竟两者的本质还是有所不同：自然界的演化是随机的，但是器具的演进却是人类有意识的活动，包含心理、经济及社会文化等因素，创造力在器具的演进中不断展现。

器具多元化

阿德里安·福蒂（Adrian Forty）也曾思考过这个问题，在《欲求之物》（*Objects of Desire*）一书中，他提到一般历史学家大致用下面两种说法解释器具的多元化。第一种说法是，随着新事物的出现，人类会有新的需求，机器设备越来越复杂，安装及拆卸的工具也跟着改进，新的工具又会促使新的设计问世，整个过程是一种循环。第二种解释则归因于设计者想要表达创造力及艺术天分。希格弗瑞德·吉迪恩（Sigfried Giedion）在《机械化的动力》（*Mechanization Takes Command*）一书中就采用了这两种说法，但福蒂指出此两说虽然能够解释某些器具，却无法成为所有器具的通则。

19世纪中期时，美国出现了活动式座椅，吉迪恩认为这种座椅之所以会发明，是因为当时的人发现一种介于坐与躺的姿势很舒服，再加上当时的设计者刚好也有巧思。而福蒂则反驳这种理论："为什么人类到了19世纪才发现这种姿势？""何以19世纪的设计者比其他时代的人有巧思？"

福蒂用另外一个比较近的例子来驳斥这种"功能解释论"："沃德公司（Montgomery Ward）推出131种携带型小刀，也是因为不断发现新的切割方法吗？"福蒂同意设计者确有能力决定形式，但是他无法苟同"设计者有能力决定多少种形式"，不论19世纪的设计家是多么有天分。

福蒂认为应该考虑新发明的器具与当时社会的直接关系，他还指出资本家促使器具多元化："制造商根据不同的市场，推出不同的设计。"

世上的事物皆具有多元化的特性，但是同类物品的个别特性是如何发展出来的？如果制造商是推动这种多元化的主力，他们决定产品外观时所考虑的因素又是什么？沃德公司的 131 种小刀及伯明翰的 500 种锤子，其背后考量的因素绝不止经济一项。

诺曼、巴萨拉及福蒂都不强调器具形貌与功能间的关系。"功能"这个字眼都未出现在其著作索引中，可见他们都不同意"功能决定器具形貌"的说法。大卫·佩伊（David Pye）不仅驳斥这种"功能决定论"，还揶揄词典对"功能"的定义：人使用器具的活动范围。佩伊有许多值得一读的著作，对设计有很中肯的探讨，他不仅告诉读者最后的定论，还通过探讨个案的过程，将整个思考模式与读者分享，以了解其思想的核心。

佩伊认为"功能决定论"乃无稽之谈，他强调："器具的形貌可能由设计者决定，也可能是因缘际会，但绝无单一决定的因素。"器具的形貌并非一定要以哪种形貌出现。"功能决定论"对他而言，好像"廉价的"这类贬语。以下这段文字可看出他对这种说法的不屑：

> 如果我们发明的东西完全合乎要求，这种功能说或许还值得一听，但事实却不尽然，有时我甚至怀疑功能说只是一种自圆其说的心理机制，没有一种东西功能上毫无缺点。失事的飞机，易有刮痕、污渍及占空间的餐桌……没有一项器具令人完全满意。所谓的发明设计只是灵机一动，不成熟的灵感。

凡物皆有缺点

佩伊的说法或许夸张，却不失真实。他主要想表达没有一件事物是完美的。即使上百万次的飞行中只有一次闪失，飞机这种设计就称不上完美，要不断维修才能降低失事率。真正完美的飞机不需要维修、不耗油、寿命长。理想的餐桌可随用餐人数调整大小，小孩无须借助电话簿才能够着餐桌，非用餐时间餐桌能不占空间，不易产生刮痕及污渍，桌脚不会妨碍用餐者双脚的移动。总而言之，所有的器具都有待改良之处。

佩伊所强调的“凡物皆有缺点”，的确是所有器具的共同特征。这也正是器具演进的推力。发现缺点同时又找到解决方法就会产生变革。照此说法。器具应该会日臻完美，但事实却不尽然，因为人们对器具的各种要求常常是彼此冲突的：

> 所有器具的设计都含有某种程度的失败，不是在设计的过程中放弃某些要求，就是向各种要求妥协，而妥协本身就隐含某种程度的失败……
>
> 设计者自行裁决，设计品可说是设计者独断决定的结果，在裁量过程中，不同抉择造成不同的产品。因此设计不可能是所谓“为满足使用者种种需求，所做出的最合理的决定”。毕竟，种种需求间常常是彼此冲突的。

这也就是佩伊之所以对一般餐桌不满意的原因：无法同时满足各种需求。其实，只要我们稍微用心观察任何一种物品，都可以找出许多缺点。不过，这不是佩伊及本书的要点。相反地，我们认为任何一个器具的发明都是一种胜利。器具不断改进，新器具不断出现，都是在追求更好的功能。

建筑师克里斯托夫·亚历山大（Christopher Alexander）在《器具形成的要素》（*Notes on the Synthesis of Form*）一书中对“要寻求成功，必须不断改善缺点”的论点有很精辟的说明。他用制造金属成品做例子，说明金属表面必须平滑才算成功：

> 先制作一个标准品，然后在其表面抹上油印，再与其他成品接合，如果印上的油印不平均，则表示表面还不够平滑，需要再研磨。

牙医在给人镶牙时也应用类似的方法。牙医并不要求病人牙齿表面完全平滑，但是上下牙齿必须咬合，因此牙医会要求病人试咬一张碳纸，再根据纸上的咬痕，来修正镶牙的表面。亚历山大借此说明器具的演进：我们先设立一套标准，再努力使器具不断改进，当成品与标准一致时，才算成功。而所谓标准常常是因时因地带有随意性的，并无绝对标准。演进的驱动力在于我们所觉察到的缺点。

亚历山大还举了另一个更生活化的例子：一盒纽扣。

> 假设有一盒纽扣要配对，你会如何做呢？一般人不会马上配对，而会先分类，直到找到两个相同的纽扣。

一般文字处理器的拼写检查功能的原理也是如此。把每个单词和词典中的词对照。首先除去字母数不同的单词，然后除去第一个字母不同的词，再依序除去第二个字母不同的词，直到找到一样的单词为止。如果找不到，就表示输入的单词拼错了。原理即在于尝试错误。（当然，拼写检查功能也有不足之处，如果将甲词拼成乙词，由于甲乙二词皆存于词典中，就检查不出来。例如：their 拼成 there。）

中介者

亚历山大因此推演他的结论：设计本身就是一种尝试拉近器具缺点与理想的过程。这也是刀叉演进背后的驱动力。器具的缺点使人们思考改进的方式，或是把意见告诉专家，他称专家为“中介者”；由于中介者，器具不断以一种“有机的”方式演化：

> 即使毫无目的的演化也会产生改进的效果，这是演进的本质。“中介者”只需观察器具的缺点，寻求改进之道，而即使是一般无创造力的人也有能力批评现有的缺点。“中介者”也不一定要寻求更好的改变，只要是改变即可，时间自然会去芜存菁。

这种演化过程从古至今一直不变，尽管以前的匠人变成今日谨慎的科学家，制作的器具复杂到核电厂、航天飞机及电脑。但是，有一点不同的是，亚历山大所称的“中介者”并不一定要寻求更好的改变，这和今日的设计发明家截然不同。共同点则在于，所观察到的器具缺点是所有改革的动力。即使不参与设计，任何人都能够发现器具的缺点，而在器具演进的过程中扮演一个角色。正如公元 5 世纪的雅典政治家伯里克利（Pericles）所言：“虽然并非人人都能参与决策，但是人人都有能力判断政策之良窳。”

了解周遭一切器具如何形成，有助我们明了生产技术沿革的本质，以及现代复杂科技的运作。巴萨拉认为器具是研究生产技术最基本的单位。他并且还指出：“器具的演变是代代承袭的结果。”其著作《科技的演进》一书的封面介绍就以锤子的演进为例，由最早简陋原始的石头演进到詹姆斯·内史密斯（James Nasmyth）发明的大型蒸汽锤子，从而在工业革命的全盛期得以制造出规模空前的钢锻件。这种延续性适用于任何发明，因为所有新器具的发明都是既有器具的延续，而非纯粹发明理论或创造力的产物。因此。依照巴萨拉的理论，生产技术及器具的演化不仅是文化影响下的发明。此一理论让人明了创造的过程，进而了解人类智慧财富的累积。

这种创造过程可以解释刀、叉、匙和所有器具的发明，不论是石制工具或是微晶片，也可以解释餐具及19世纪伯明翰所制造的锤子的种类繁复。创造过程倒没有器具种类来得繁复，企图改善器具缺点一直是器具演进的动力。

虽然这本书主要是讨论器具的外观和形式，但审美观点却不在讨论范围之内。尽管审美观点会影响甚至有时会决定器具的外观，但却不是首要的考量因素，当然，珠宝及美术品例外。制作实用器具时多少也会考虑赏心悦目，但多半是已发明很久的器具。举例来说，餐具演进就是以实用目的为考量，不论形式如何改变，我们永远不会弄混刀、叉、匙；若为求美观而大幅改变餐具形式，总令人觉得使用不便，触感不好。另外一个列子是国际象棋，我们不会想到要去改变兵或卒的棋子数，两方的棋子数应保持相同的16个，而且双方棋子要有不同以便区分。因此能改变的就是棋子的重量或是外观，诸如如何在能分辨皇后、国王、骑士及主教的原则下，把棋子设计得更具现代感或更有吸引力，但这些不在本书的讨论范围内。

然而，我们还是得论及“产品设计”或称“工业设计”。通常工业设计把美观当作首要考量，但是一流设计的考量面不会如此狭窄，一流的设计者还会考虑产品拼装、拆卸、维修及使用的难易度，如果一个美观的产品将来在使用上可能会有不便处，便不会生产。所谓人体工程学即特别注重使用者的舒适程度，不论是简单的厨房用品或是最先进的科技系统，不论使用者是刻意或是无意间使用。

很多人，特别是老一辈患风湿病者，会同意药瓶外观设计有待改进，但是更重要的是要先以人体工程学的角度改善瓶口的设计，若能二者兼顾最理想，既合乎人体工程学，外观又能胜过水果篮。每样器具都有很多不足之处，因此在不同的改善方法之下，产生繁杂的形式。

第三章　发明者即批评者

若说器具的缺点是器具演进的动力，发明者即是生产技术最厉害的批评者；他不仅能看出缺点，还能提供解决方法，设计更精良的产品。这种说法并非理论学者凭空捏造，而是各行各业发明者的感想。

雅各布·拉比诺维奇（Jacob Rabinovich）是俄国一位制鞋商的儿子，一家人在1914年第一次世界大战爆发时迁往西伯利亚。5年后雅各布11岁，全家又移民到美国。雅各布在中学时各方面的表现都很优异，同时入选数学及绘画代表队，美术老师极欣赏他绘图的精确度，但他的画缺乏个人风格，所以建议他研读工程学。20世纪20年代纽约市立大学采取开放政策，是许多年轻移民子弟的选择，但工程学系依然排斥移民子弟，尤其是犹太人。于是，雅各布在1928年进入纽约市立大学主修通识学，却发现在众多佼佼者当中他只是个平凡的学生。

经济大萧条的20世纪30年代谋生不易，因此，雅各布改主修他最喜爱的工程学，1933年拿到电机工程学的学位，并将名字改为美式的雅各布·拉比诺（Jacob Rabinow）。他在立市大学多待一年取得了硕士学位，但工作还是不好找，只好在一家收音机工厂的生产线上工作了几年。1935年他参加公职人员考试，在电机工程及机械工程两部分获得极高的分数，但等到1938年才取得公职，在国家标准局担任工程师，负责校验测量水流速度的仪器。

雅各布发现他被指派的工作还不至于无趣，在一成不变的工作中可有许多余暇思考问题。他发现工作中所使用的设备非常破旧，有许多缺点，不久他就想出各种改善操作及提高精密度的方法。雅各布询问上司的意见。上司并不反对，只要他利用私人时间从事研究。雅各布将校验设备大幅改良，在其他方面也展露才华，于是被赋予更多的责任及独立作业的空间，很快他就拥有了自己的公司。雅各布·拉比诺总计获得225项专利，包括钟表自动调节装置，及邮局采用的自动分信机。

拉比诺一如多数发明家、工程师，鲜少著述，不过，退休后出了一本《发明之乐与利》(*Inventing for Fun and Profit*)，书中对发明家的心路历程有独到的探讨。其中大多数的发明源于对现有器具的不满。他提到朋友曾送他一只很难调时间的手表，因而他发明了自动调节装置。还有一次，他和一位乐迷争辩旧式留声机传出的声音是否变音，后来就发明了唱针自动归位装置；朋友给他的刺激是灵感的来源，我们也从而了解事业和家庭及社会之间密不可分的关系，从拉比诺的工作室就在客厅里即可得到验证。

拉比诺被问起发明的缘由时，经常明确地强调："发明家不仅仅埋怨器具的缺点，他们还会着手改善。""当我发现缺点，我会思考改善之道，做出心目中理想的设计。"许多发明家都赞同缺点是发明的原动力。劳伦斯·凯姆(Lawrence Kamm)就将其著作《成功工程》(*Successful Engineering*)献给拉比诺（凯姆称其为老板、老师、挚友及诤友），并建议后进"多观察周遭的设计有什么缺点，以便改进"。

企业家精神

《发明家》(*Inventors at Work*)一书中，收录了16篇美国知名发明家的访谈，他们的教育背景从高中毕业到博士学位都有，因为工作放弃读大学的人数和有能力进入常春藤名校的人数相当。不论是独立作业还是寄身于大企业当中，这些人共同的特征不在学业表现，而在企业家的精神。当中有像拉比诺这样贫苦的移民，也有出身富裕之家者。游丝神鹰号的发明者保罗·麦卡克莱迪（Paul MacCready）在1977年圆满完成了圣华金河谷（San Joaquin Valley）的飞行，创下人力飞机飞行一英里距离的纪录。他声称此举是受到5万英镑奖金的诱惑（此奖金是1959年英国工业巨子亨利·克雷默［Henry Kremer］所设），但其实麦卡克莱迪在青少年时期就致力于研究模型飞机，不到17岁就被《模型飞机新闻》（*Model Airplane News*）选为"最多才多艺的模型飞机玩家"，之后，他迷上滑翔翼，曾三度获得全美冠军。

麦卡克莱迪从耶鲁毕业后，在加州理工学院拿到航空工程学博士。在他的许多成就中，他曾被美国机械工程师协会选为"世纪工程师"。然而，外界的赞赏及奖金不会使一位真正的发明家感到满足，麦卡克莱迪和所有成功的发明家一样，永远想要把事物变得更好。他将"神鹰号"改良成"信天翁号"（Gossamer Albatross），在1979年首度以人力发动的飞机飞越英吉利海峡。不过，再有天分的发明家也承认能力有限，当麦卡克莱迪被问及他会拒绝什么样的挑战时，他答道："功能更佳的自行车，我尝试过数种改良方法，但却始终不满意。"此言意指现有的自行车尚有待改良，也暗示发现问题比实际解决问题简单得多。发明家不愁没有问题，倒是得选择问题着手研究。

那塔尼尔·魏斯（Nathaniel C. Wyeth）出生于宾州的查兹福德（Chadds Ford），其父为著名画家N. C. 魏斯（N. C. Wyeth）。当其姐弟安德鲁、韩瑞特及凯洛琳在父亲的教导下研习艺术，那塔尼尔却乐于拆卸钟表及利用废铁制造器具。那塔尼尔的原名其实是纽厄尔（Newell Convers Wyeth），以纪念其父，但他却改用其工程师叔父之名，以避开艺术家父亲的盛名之累。他在宾州大学研读工程，之后在杜邦公司一帆风顺，1975年当选资深工程师并担任最高职位，达到其事业顶峰。

魏斯在纺织及电机方面有许多发明，其中最著名且广为使用的是20世纪70年代中期研发的塑料饮料瓶（宝特瓶），他做了许多这方面的实验，宝特瓶显然较沉重易碎的玻璃瓶为优，不过研发过程并不顺利，魏斯记得实验室主任对实验结果不满意，怀疑是否有必要投注这么多资金，但魏斯坚持继续努力，“若非以失败为垫脚石，我什么也发明不出来”。于是，今日我们得以看见宝特瓶骄傲地陈列在超级市场的购物架上。不论大家对宝特瓶的看法如何，不可否认地，宝特瓶确实取代了玻璃瓶。当然，今日宝特瓶成为环保问题，亦为其他发明家制造问题，但在这个充满缺点的世界，这并不令人讶异。

勇于挑剔

不论发明家的背景及发明动机为何，他们都有一个共同特质：对既有事物的“挑剔”，及不断寻求改良的强烈动机，他们不断发现日常生活或工作中所用事物的缺点，并不断思考改进之道。

听起来好像发明家很悲观，总是看到事物的缺点，但事实恰好相反，他们非常乐观，相信能够改善世界，或者说世上的事物。发明家的词典中没有“已经够好”这个词，他们相信永远有改善的空间。发明家同时也是地道的实用主义者，知道能力有限，必须懂得取舍。他们也明了地球资源有限，不会妄想制造不断运转的机器或是青春活泉，只是就其所知所能尽一己之力。

马尔文·卡姆拉斯（Marvin Vamras）是芝加哥人，伊利诺斯理工大学毕业后，大半生的生涯待在相关的研究机构，拥有500种电信专利品，他论及发明家共同的特质时说：

他们对周遭的事物感到不满，“唉！这东西实在不好用！”至

> 少，我就是这样的人，当我发现一样东西不好用时，就开始思考改良方法，这就是发明的动机，很多东西对我而言都不好用，我喜欢把事物简化。

卡姆拉斯只是一例。杰罗姆·勒梅森（Jerome Lemelson）于1951年取得纽约大学工业工程学硕士。他设计出工业用机器人及工厂自动化管理，还取得麦片盒子折成纸板玩具的专利权，共有400余项专利，但他并没有从俗成立公司，发行自己的专利产品，只是安于收取专利使用费。他对发明的看法亦认为是源于对器具的不满：

> 最好的方法是自问这些问题：功能是否完善？有无更好的办法？有无问题？如何改进？大部分的专利只是把旧有的专利加以改进。改进既有的事物，这正是发明的精髓。

1950年出版的一本关于发明及专利的入门书《创意致富术》（*Money from Ideas*），书中第一句话就是个引人入胜的例子：一个人凭着一把剪刀及数张纸赚进百万美元（他是一位到处跑的推销员，不喜欢用一般的玻璃杯，于是发明纸杯）。真正有天分的发明家及创业者用不着这本入门书，但发明家光鲜的形象——有创意的天才、国家英雄及有钱人——对一般心有余而力不足的人充满吸引力。书中还建议将点子记录成表，同时要特别留心家庭日用品：

> 手工具值得一试！每个家庭及工匠都用得到。相信工匠对于平日所用的工具多少都有些不满，认为仍有待改善。美国人向来喜欢精益求精，工匠也乐于倾吐所发现的缺点。毕竟不懂聆听他人意见以求灵感的发明家注定会失败。

这个建议呼应之前一再提过的原则：发明动机主要源于对器具的不满，而且是基于实际需求。现有的手工工具基本上应能满足工匠的需求，锤子、螺丝刀及扳手都是日常的工具。不过，工匠的工作并非像他所使用的工具那样一成不变，很自然会发现有时工具用起来较顺手，有时则很别扭。有的工作是将数片木材用螺丝组合成工作室的储藏柜，有的是把磨光的金属固定在为顾客修好的机器上。（在此先假设工匠只用一种传统的螺丝刀，所用的木头及金属螺丝也是传统型，螺丝头只有一条对角线的沟槽。）常常会有这样的情况发生：螺丝刀滑出沟槽，弄凹柜子，或刮伤木柜。当然，只要小心这样的闪失应可避免，将螺丝刀对紧沟槽，拴时注意保持螺丝垂直不偏倚，且可以用手指扶正螺丝。

也许有人认为，既然小心可避免类似的闪失，就无须另一种新的螺丝刀。但我相信人们还是乐见新产品问世。最近问世的尖端处涂有碳化钨粒子的新型螺丝刀，坚硬的碳化钨粒子可以卡紧沟槽，避免螺丝刀滑出。

拉比诺面试应征者时曾举这个螺丝刀的例子，借以区分何者为理论的科学家型工程师，何者为务实型的发明家。他常观察螺丝头，并评论道："这沟槽属传统型，容易制造但有问题。"除了螺丝刀滑出会刮伤器物外，一般人很容易用硬币、指甲刀之类的物品取出螺丝。（公厕常遭遇这样的问题，以至目前公厕使用易安装但无法任意取出的新型螺丝。）

改进传统螺丝有数种方法，拉比诺提到其中一种外形美观的菲利普螺丝（Philips-head screw），的确能降低螺丝外滑的几率，但一如所有的发明，有一利必有一弊，当所使用的螺丝刀较钝时，这种菲利普螺丝较传统螺丝难拧紧。拉比诺本人倒是解决了这个问题，充分表现了他的创造力。

他观察螺丝头有四方形或六角形的沟槽，以呼应相对的螺丝刀及扳手。他个人偏好四方形，因为容易推进。不过这也有缺点，只要用大小相合的螺丝刀便能任意将螺丝取走。因此，他喜欢用这个问题来考验应聘者：是否能改良螺丝沟槽，只有专用的螺丝刀能取出？答案稍微接近他的妙方者即能录取：

> 将螺丝头的沟槽做成正三角形即可，一定要用特制的螺丝刀，既可防止他人任意取走，外形又美观。平常的螺丝刀只能卡住三角形的一边，一用力推进便滑到一边。

无尽的探索

拉比诺不知道这个妙方是否为他所创，因为他并未查阅专利档案，不过他倒是为探究发明动机翻阅过档案，也证明了器具演进确实是不断去除缺点的结果。

佩伊也举过螺帽与螺钉做例子来解释器具演进的原则：

> 六角形的螺帽取代四方形的螺帽，必有其方便之处。在某些地方常得用两种扳钳来转动方形的螺帽。曾有好一段时间，六角形的螺帽是“现代工程”的象征。19 世纪时，即使是门外汉都能借螺帽的形状，区别瓦特时代的旧引擎与新型引擎。
>
> 所有的新发明总是因略胜旧设计一筹而在市场上赢得一席之地。

不过，就像菲利普螺丝并未完全取代原先对角线沟槽的螺丝，四方形的螺帽仍有优于六角形的地方，因为六角形的螺帽很容易磨成圆形，寿命较短。20 世纪早期的高科技建筑拼装玩具“竖立者”（Erector sets），依然采用方形螺帽及旧式螺丝，同时期另一种英国的玩具产品“麦卡诺”（Meccano sets）也是如此。

发明不死

“只要我们的生活中仍存有不便之处，发明家就会努力寻求改善之道。”这段引言出自专利档案，主要描述1849年以来一些为时较短的产品：1849年的《科学美国人》（*Scientific American*）、同时期的《伦敦新闻画报》（*Illustrated London News*）及一些流行的书刊都载有发明家的创作动机。我们可以从世界博览会的目录及1851年在伦敦举行的全球工业产品展览会，证实19世纪出现许多独立作业的伟大发明家。不过，如果稍微翻阅最近几期的《科学美国人》有关前50年到100年间的论述，会发现人们对事物的看法已有改变，特别是在19世纪90年代到20世纪40年代。一百年前经常有新设计、新产品的报道，而近50年则多为科学理论。像拉比诺这样的人或许会对这类知识感兴趣，但实际上科学理论并未涵盖发明的本质。第二次世界大战前，人们似乎已把一切新发明视为理所当然，并仰赖广告得知新产品的消息。前人能在创造发明中寻得知性的趣味，而我们这一代却只从商业或实用的角度看待发明。因此，今天报纸的科技版尽是物理学、医学的报道，而甚少登载发明家的产品及其构思。

然而发明不死，今天发明的动力与往昔相比并无二致。器具的演进与发明不分时空，只是日渐与生活融合而较不显眼。19世纪发明家将避雷针装在雨伞上，与把雨伞与帽子相结合以腾出双手的发明动机一样。

不论发明的灵感是自发还是源自他人，不论是号称百万发明或是善用社会资源，不论以英文还是拉丁文来表达，创造发明的中心思想都是对现况不满，进而寻求变化。艾尔文·兰德（Edwin Land）发明宝丽来拍立得相机乃源于他 3 岁女儿的一句话："为什么照相不能马上看到相片？"这句话刺激兰德寻求改进之道。

阿博特·佩森·厄舍（Abbott Payson Usher）在他的名著《机械发明史》（*History of Mechanical Inventions*）中，用较学术性的字眼阐述发明的过程：

> 发明的特色在于将既有的"元素"重新组合，建立新的"关系"，可说是既有组合的改进，或是完成尚未圆满的组合。

经验丰富的发明家了解并遵循厄舍的说法，亦即既有器具的缺点正好提供发明新组合的机会。

新发明是否申请专利视个人的判断及喜好而定。不过一些多产的发明家或工程师，如"大西部铁路"（Great Western Railway）及"大东方号"（Great Eastern）蒸汽船的设计者伊桑巴德·布鲁内尔（Isambard Kingdom Brunel），坚决反对专利制度，认为这有碍创造发明。1851 年布鲁内尔写信给上议院专利法委员会：

> 发明的过程环环相扣，越是成功新奇的发明，累积前人经验智慧的成分越多，其成功与价值也是建立在既有器具的基础之上。

布鲁内尔相信真正好的发明不是源于一时的灵感，而是敏锐观察周遭生活的结果。但专利制度使得人们渴望借此发财：

> 有钱人不在乎金钱，但需要钱的人难免会藏私，不将他的发明、失败的原因及困难处告诉同行，只待价而沽。

汲汲追求财富者如亨利·贝塞麦（Henry Bessemer）并不反对专利制度，但对于什么发明该申请专利则有自己的判断。他一生中有许多发明，特别是有关熔铁铸钢的事业，他曾刻意隐藏制铜粉的方法达35年之久。他在一个隐秘安全的工厂进行，只雇用亲信担任重要职位。根据贝塞麦的说法："获利用于相关的研究工作。"

虽然器具演进的理论应独立于是否申请专利之外，但从正式工业科技的文献找资料验证假说，显然比从家族企业的商业机密中找寻容易得多。专利档案并非器具演进的完整记录，但能提供许多资料及个案研究。即使谈专利的相关书籍也对发明的本质及工业科技的演进提供许多洞见。

你也可以成为发明家

《你也可以申请专利》（*Patent It Yourself*）一书为专利法律师大卫·普列斯曼（David Pressman）所撰，主要读者群设定在初试发明者，在《发明的科学及神奇》（The Science and Magic of Inventing）一章中，将发明过程分为两个步骤，一为发掘问题，二为寻求解决之道。

普列斯曼认为第一个步骤尤其重要，占整个发明的九成。他建议初学者先练习发掘问题：

> 仔细观察日常生活中，你及他人如何执行一项工作？遇到什么问题？如何解决？自问是否能用更简单、省钱、容易及可靠的方法，是否能把器具制作得更轻巧、坚固、快速等问题。

接着普列斯曼谈到如何决定一件发明是否有商业价值："考量此发

明的优点是否有潜在市场，再投注金钱时间。”他建议列张评估表，看看优点是否会盖过缺点，是否能取代旧产品，这些都涉及主观判断。考量因素包括成本、重量、尺寸、市场、分销难易及售后服务，由对各因素的倚重程度决定总体评估的结果。主观性较强的发明家要做到客观评估并不是件易事。

申请专利时，不管发明本身多具创意，一定要强调它“优于既有产品的好处”，而这好处是思考过改善之道的人的共识，因此能申请专利的产品不只是不同于既有产品。拉比诺在他的书中也强调这一点，并举了他自己的例子。1950 年，他离开国家标准局自行成立公司，有家收音机制造商委托他制造精确的 FM 收音机及电视机的按钮式调频器，这在当时是相当新颖少见的产品，因为频道并不好调。拉比诺早就对收音机感到浓厚兴趣，一直注意其发展。当时的调频器音量变化极不规则，他先将既有的优点弄清楚，并找到改掉缺点的方法，但这还不足以说服制造商。

拉比诺深谙说服之道。他设计的调频器不是按钮式而是拉钮式，且同时有微调功能，起初制造商不能接受这与众不同的设计，但拉比诺说道:“如果随俗制造按钮式调频器，用市面上既有的产品就好。”他强调按钮式的缺点，且这些缺点非拉钮式不能解决。

经验较不丰富的普列斯曼也提到申请专利时应如何强调发明的好处。先强调胜过既有产品的地方，展示发明，说明其优点:“先告知他们你将告诉他们什么，再进入正题，然后再重复一遍。”并一再强调既有产品的不足:

> 告知如何发掘问题，将既有产品的缺点列表，新发明又是如何优于旧产品。最后再来个总结彰显此发明的优点。

汗水的发明

申请专利的过程的确冗长难耐，接着将发明推入市场更是充满挫折，虽然发掘问题占整个发明过程的九成，但这并不表示接下来的部分就易如反掌，相反地，仍需要投注许多心力。发明电灯的爱迪生并非唯一不满蜡烛及煤油灯的人。爱迪生得到美国专利的前一年，亦即 1878 年时约瑟夫·斯旺（Joseph Swan）即已获得英国专利，之前也有许多英国发明家长期研究电灯。爱迪生发明灯泡的点子虽是一时灵感，但接着他做了无数的实验寻求适合的质材做钨丝，又花许多心血申请专利，建立营销渠道。爱迪生称之为“汗水”的发明，经过这漫长的过程才大功告成。爱迪生称发明是 10% 的灵感加上 90% 的汗水。他勉励人不要气馁而轻言放弃，只有经由不断改进才能得到成功：

> 天才？根本没有这回事儿！坚持到底就是天才！没有东西天生就完美，必须想办法改进。我也是经过失败才得到成功。

每个人对“发掘问题”、“灵感”及“汗水”在发明中所占的比例有不同的意见（麦卡克莱迪将灵感与汗水的比例改成二比九十八，有人改成一比九十九），但发明家一致同意发明过程是从“找到问题”开始。

发明家总能看到器具的缺点，他们是不折不扣的批评家，即使是最先进的产品。多产的贝塞麦说，发明家总是精益求精，永无止境。工业科技的演进亦如是，缺点正是改进的动力。

第四章　从大头针到回形针

一个物体不论原本的功用为何，往往会有其他别出心裁的功用，如树枝可充当叉子，贝壳可当汤匙。人类制作的器具当然也不例外，回形针就是一例。很少东西像回形针般，随着形状的改变而有不同的功用。关于回形针的调查和其起源一样的五花八门，根据霍华德·舒弗林（Howard Sufrin）在 1958 年的调查（他在匹兹堡经营回形针的家族事业），每十个回形针就有三个不知去向，而十个当中只有一个用来夹定纸张，其他的用途包括当牙签、指甲夹、挖耳勺、领带夹、玩纸牌的筹码、游戏的记分工具、别针的替代品，还可充当武器。

记得幼时，亦即 20 世纪 50 年代早期，我们同学常将回形针拉成 U 状，再用橡皮筋发射。有一次，我们的“回形针飞弹”从老师的耳旁“嗖”地飞过，撞到黑板，反弹再撞倒教室角落的废纸篓。没有同学敢挺身认错。全班放学后留校聆听回形针飞弹如何危险，曾刺伤过眼睛等千篇一律的训词，但我们依然故我，毕竟未曾亲眼看见悲剧发生。班上的顽固分子依然在教室后排“打仗”，每当回形针撞到玻璃窗，全班立刻屏息，祈求老师不会听见。

回形针还有另一项功能，许多人在讲电话、面谈及会议时，习惯用手扭曲回形针，这充分证明单项物品可有无尽的功能，不论如何使用回形针，其现代形貌也是慢慢演进而成，这样简单却又丰富功用的物品，要谈它的历史，特别是从文化社会的角度来谈可不是件易事，有许多故事中的故事。

先谈纸张，最早是中国在公元 1 世纪时发明，然后西传。13 世纪时，用亚麻造纸在欧洲已十分普及，取代原先的羊皮纸及牛皮纸（特别或庆典的文件例外）。随着社会发展及商业的兴起，重要性较次的文书资料大量增加，若用钉书页的方法钉在一起似嫌浪费，但是不钉在一起又会散页。早期解决这个问题的一种方法是用削鹅毛笔的小刀，搭配布条或丝巾，先在文件纸页上割条细缝，再用布条或丝巾串起来，布条或丝巾末端用蜡固定在纸背，以防他人取页。从所用布条或丝巾的质量可看出文件的重要性。这种方法在今天依然可见，我曾拿到东欧大学的文件，就是用精美的丝巾固定。我也曾收过非正式的文件或发展中国家的文件，是用大头针固定。

公元前 3000 年苏美尔人用铁及铜制造大头针以固定衣服，而且在机械化生产之前，就已大量制造。德尼·狄德罗（Denis Diderot）在 1772 年所编的《百科全书》（*L'Encyclopédie*）中对大头针的制作过程就有过描述（见图 4-1）。亚当·斯密的《国富论》（*Wealth of Nations*）曾用大头针的例子阐述劳动分工："有人冶铁，有人磨铁，有人切割，有人把前端削尖，有人负责接针头。" 冶铁的部分每分钟可制造 60 英尺长的铁丝，切割大头针的针身，而熟练的工人一秒钟只能割出一个。每小时可制造出 4000 枚回形针，其中以回形针附在卡纸上以方便销售的过程最耗时，一天一名工人可完成 1500 枚。斯密观察，大头针的整个制作流程可用上 17 个人，负责不同工作程序，总工作成果一人一天约制 480 枚，若不是劳动分工，一人一天只能制造 1 到 20 枚。

劳动分工使大头针的生产更有效率，但也使得机械化生产遭到阻碍。不过，既然手工可以劳动分工，还是可以想出机械化生产的方式。史蒂文·卢巴（Steven Lubar）曾撰书谈科技和文化对制造大头针的影响，他劝读者不要将机器的外形与其制造的产品做超出实际的联想。

图 4-1　狄德罗《百科全书》中描写的大头针制造过程，是劳动分工的典型案例。大头针像针一样，是在机械化生产之前就开始大量化生产的。

1814 年美国出现第一台专门生产大头针的机器，1824 年英国出现功能更强的机器，为当地一位美籍工程师所设计。早期最好的机器是一位曾任纽约养老院院长的物理学家约翰 · 荷威（John Ireland Howe）所发明，他曾观察院内老人用手工制造回形针。

荷威 1793 年生于美国康涅狄格州，1815 年起在纽约市行医，一股发明的热情驱使他应用化学知识，制造橡胶制品。1829 年获得专利权后，放弃行医，开始生产橡胶制品，后来生产失败，转而研究制造大头针的机器。一开始由于缺乏经验而求助于印刷机制造商罗伯特 · 霍（Robert Hoe），于 1832 年在罗伯特 · 霍的工厂制造出第一台机器，并取得专利。但因机器不够完善及销售不佳而负债累累。经过不断改良，1835 年终于成立荷威机械公司（Howe Manufacturing Company），有五台机器生产大头针，产品销售英、美两地。

大头针价钱

荷威机械公司有段时期曾维持 3 台机器，每日制造 72000 枚，这样的产量需要 60 位包装人手，因此，包装（将大头针固定在纸上）也需要机械化。荷威及手下设计了一种机器，可将纸压成“脊状”（中间隆起），这样大头针就可轻易固定在纸上，结果相当成功。大量化生产降低了售价，而出现“大头针价钱”（pin money）这样的说法，是指零用钱或只能购买大头针的小额金钱。这种情况和中世纪有天壤之别，当时大头针可是“稀宝”，英国法律甚至规定只能在特定的日子出售。

将大头针固定在纸上销售有几个原因。19 世纪早期，人们还是购买手工制的大头针，质量参差不齐，有的针身不直，有的针尖不尖，有的针头过大或过小。机械化生产后，大头针固定在纸上，消费者可以清楚地挑选质量齐一的产品。此外，在保存上较容易且安全，拿取时也方便。现在的大头针质量很好也很安全，但这种和缝衣针相同的包装方式仍沿用下来（见图 4–2）。

工业革命后出现了许多商店，可以买到成批的价廉物美的大头针。批装的分为两类，一是商业用的“银行大头针”（bank pins），一是裁缝用的“梳妆台大头针”（toilet pins，可不是“厕所大头针”），其制造方法完全一样，差别在于包装方式，还有就是价格也不同。银行大头针以半磅为一单位销售。梳妆台大头针则仍固定在纸上，每枚针上穿好细线，纸上标注公司名及产品质量，也有一张纸上有数种大小颜色的大头针。银行大头针则没这么复杂，只要能将钞票和发票暂时固定在一起便于作业即可。虽然大头针取出后会留下小洞，但比起前述用丝巾绑扎的方式所留下的割痕要小得多。

鉴于从一批银行大头针取出一根并不方便，后来又出现了新的包装方式，亦即将一排大头针插在“纸卷”上，纸卷可摆在桌上，这种包

图 4-2　虽然 19 世纪中叶，机械化生产可以大量制造规格质量齐一的大头针，但依然继续沿用这种包装方式，以便顾客挑选。这种包装方式十分耗时，严重影响了生产速度。

装方式称为“文具型”（desk pins）。之后又有大头针的改良产品：“T 字形”大头针，其针身本身较长，穿过文件后再绕回针头，形成 T 字形，好处在于拿取方便、加减文件纸张较省时，文件也较不易脱落。

制针的机器不断改良，19 世纪末大头针的价钱已降到半磅的银行大头针只卖 40 美分，梳妆台大头针则为 75 美分。早期的针是铜做的，材质较软，比不上钢制的。但大量生产时钢易生锈，故在表面镀镍，不过潮湿时镍还是会脱落，生锈的钢针便会弄脏要固定的布或纸。

如果大头针是当成家用缝衣针使用倒没有什么关系，因为每次使用的时间不长，只要小心不要将针留置衣服上过久即可（可将生锈的针放入装有金刚砂的小布袋，通常缝成草莓状，摇晃数下即可除锈）。但是固定纸张就比较麻烦，通常文件放置的时间长，生锈污染纸张很不好看，而经常拿取纸张所留下的针洞更是不雅观。

小纸夹大学问

为解决此问题，19 世纪中出现了“纸夹”（paper fasteners 或 paper clips），最早的纸夹是一片带有两个小牙齿的金属板，纸则夹在金属板与小牙齿之间，有点类似今日“夹纸板”（clipboard）上的弹簧装置，虽然还是会在所夹的纸上留下痕迹，但至少不会像大头针，针头容易刮伤纸张或手指。纸夹于 1864 年获得专利，从此文件纸张的角缘再也不会因为大头针孔而变得破破烂烂。

到 19 世纪的后 25 年间，各式各样的纸夹纷纷出笼，竞争激烈。每一种产品都针对某一缺点改进。总理牌纸夹（Premier fastener）就号称牙齿部分不会伤害纸张，另外还有 1887 年费城的艾瑟伯特·弥勒顿（Ethelbert Middleton）设计的一种专利品，他将金属纸夹做成不同的造型，夹纸时将数片“折翼”折起来压紧纸张，对文件纸张的保护更周到，但是将数片折翼折起来的动作稍嫌麻烦。

“弹簧钢”纸夹的问世成功地解决了这个问题。英国物理学家及发明家罗伯特·胡克（Robert Hooke）于 1660 年发现了胡克定律：“所有的物质都有某种程度的延展性，当弯曲或延伸至某种程度时便会弹回。”当时专利权竞争得十分厉害，他一直到 1687 年才发表。但其实他并未解释此定律，只是将此定律用拉丁文取了个“看似文字游戏”的名字：“*Ut tensio sic uis*”。后来他才稍加解释：“用力越大，弹力越大，直到弹性疲乏不再弹回。”

这种纸夹的制造方法看似简单，其实不然，困难在于若选择延展性较大的金属做纸夹，弹性较弱且纸夹不紧。反之，延展性较小的金属又不易弯曲。了解物质的性质并善用其特性是非常重要的原则，即使小小的纸夹也大有学问。

物尽其用

钢丝在 19 世纪后半期还算是相当新的材质，因此制造商总是费心寻求多方利用的可能，例如约翰·罗布林（John Roebling）就进一步设计出钢索吊桥，所需要的钢数极为庞大。骑摩托车的人应最能感受吊桥的弹性。一旦钢索弹性疲乏，吊桥会永久下垂，就像溶化的塑胶模型吊桥。不论是钢索桥或是弹簧钢纸夹，如何应用钢这个新的材质，生产的机器非常重要。大头针也是在机器问世后才能机械化大量生产。另外，我们也看出发明家精益求精的精神，虽然很少听到关于大头针的抱怨，但他们总试图寻求更好的方法。

很多小东西的来源不易考证，也众说纷纭。回形针的故事有好几个版本，其中一版是：最早的回形针是挪威人约翰·瓦勒（Johan Vaaler）于 1899 年发明（见图 4-3），由于挪威没有专利制度，瓦勒改而申请德国的专利。挪威人相当自豪这项发明，第二次世界大战时，许多挪威人甘冒被捕之虞，将回形针别在衣服领口，抗议德军的武装入侵。

瓦勒这项发明在 1901 年得到美国专利，专利文件对其描述如下：

> 用具有弹性的质材，如铁丝，弯成长方形、三角形或其他形状，铁丝的首尾两段平行。

回形针的形状没有固定（再次证明“功能决定形式”说法的谬误）。瓦勒的发明和如今常见的回形针已非常类似，不过有个重要的区别，比现在的回形针少绕一圈，因此夹文件时较不易扳开，多绕一圈并非复杂的装置，但当时的发明家都没想到。

瓦勒曾表示他的发明有个特点，铁丝绕过一圈后，首尾平行的两端可避免一般回形针的缺点，不致使一堆针勾成一团。这显示了他个人解

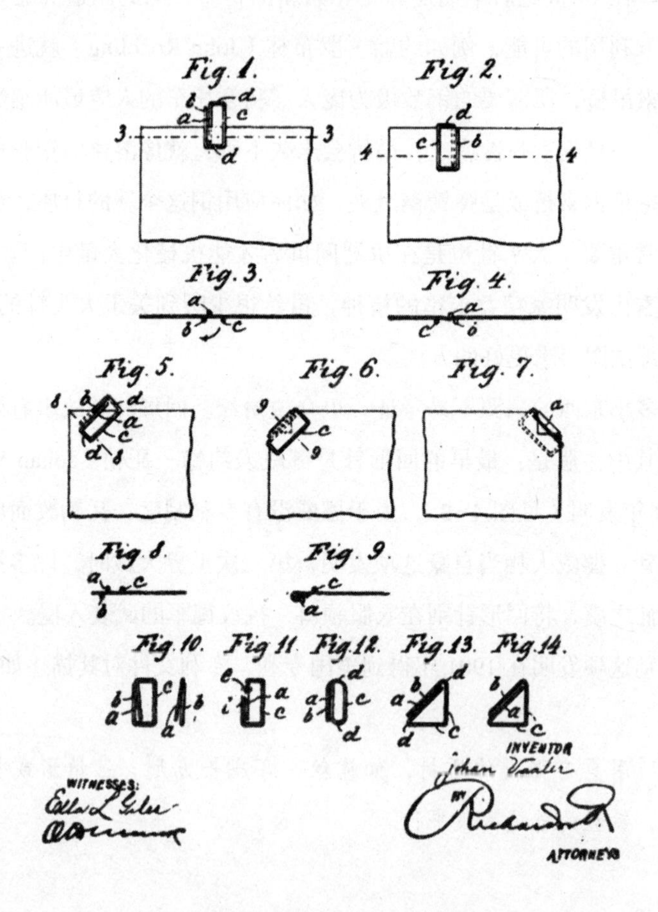

图 4-3　瓦勒第一个美国专利设计，日期为 1901 年 6 月 4 日，其中“Fig. 12”已颇具今日“宝石”回形针的雏形。

决问题的创意及当时还有其他种类的回形针。所以瓦勒的发明并不是开山祖师，而是在众多产品中有它的独特之处。1896 年宾州的马修・斯库勒（Matthew Schooley）也申请了回形针专利，他的设计依然较现在的回形针少绕一圈，但与瓦勒的不同处在于铁丝的首尾两段以重叠代替平行见（图 4-4）。

1900 年马州春田镇的康利思・伯若斯兰（Cornelius Brosnan）也申请过回形针专利，专利档案中并无样本，只是在文件中附上两份插图，看起来有点像我小时候常翻阅的美国模型火车目录上的铁轨图。伯若斯兰的设计对回形针有进一步的改良：

> 铁丝绕一圈后，末段停在绕圈的中央（见图 4-6），这样文件的拿取更方便，固定效果也更好，特别是夹在中间的纸张较不易脱落，末段特别做成曲线状以防刮伤纸张。

伯若斯兰把他的设计取名为“科那”回形针（Konaclip），而当时的技术刚好能配合生产较坚固的绕圈回形针。不过，尽管他十分满意这项发明，认为已经十全十美，但这种回形针有时还是会破坏纸张，或会使纸张脱落。

1905 年伯若斯兰又发表了新的回形针专利，改采用具弹性的铁丝来制造，他形容他设计的回形针：“造价便宜，容易使用，拿取方便，不易滑动，一堆回形针也不会纠结成一团。”

《韦氏大词字典》（*Webster's New International Dictionary*）对回形针一词下定义时，用了数幅回形针产品的插图（见图 4-5），可见用文字难以定义回形针。1909 年第一版的文字定义是：“夹纸张、钞票及剪报等东西的用品。”附上的图片显示回形针并无固定单一的形式。1934 年第二版的定义是：“铁丝做成的回路，稍微用力扳开可夹取纸张。”其中

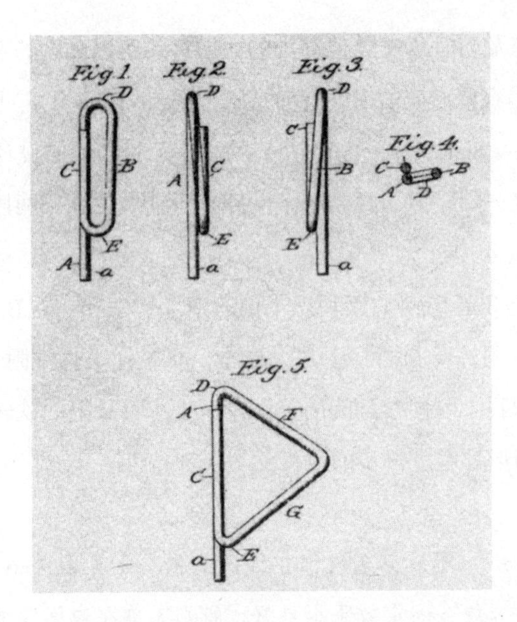

图 4-4　斯库勒于 1898 年取得的专利设计，较瓦勒早，相信当时还有一些没有申请专利的设计，估计有的设计可能早在 19 世纪 70 年代就出现了。

Illust. **b** *Angling.* A gaff or hook for use in landing the fish, as in salmon or trout fishing. *Scot. & Dial. Eng.* **c** A grappling iron. **d** A clasp or holder for letters, bills, clippings, etc. **e** An embracing strap, as of iron or brass, for connecting parts together; specif., the iron strap, with loop, at either end of a whiffletree. **f** Any of various devices for confining the bottom of a trousers leg, used in bicycling. **g** A device to hold several, usually five, cartridges for charging the maga-

Various forms of Clips for papers.

2. That which clips, or clasps; a device for clasping and holding tightly, as: **a** A grappling iron. **b** A clasp or holder for letters, bills, clippings, etc. **c** An embracing strap, as of iron or brass, for connecting parts together; specif., the iron strap, with loop, at either end of a whiffletree. **d** Any of various devices for confining the bottom of a trousers leg, used in bicycling. **e** *Scot. & Dial. Eng.* An instrument for lifting pots, etc., from a fire, or for carrying barrels, etc.

Various forms of Clips for papers.

图 4-5　不同形式的贺形针。

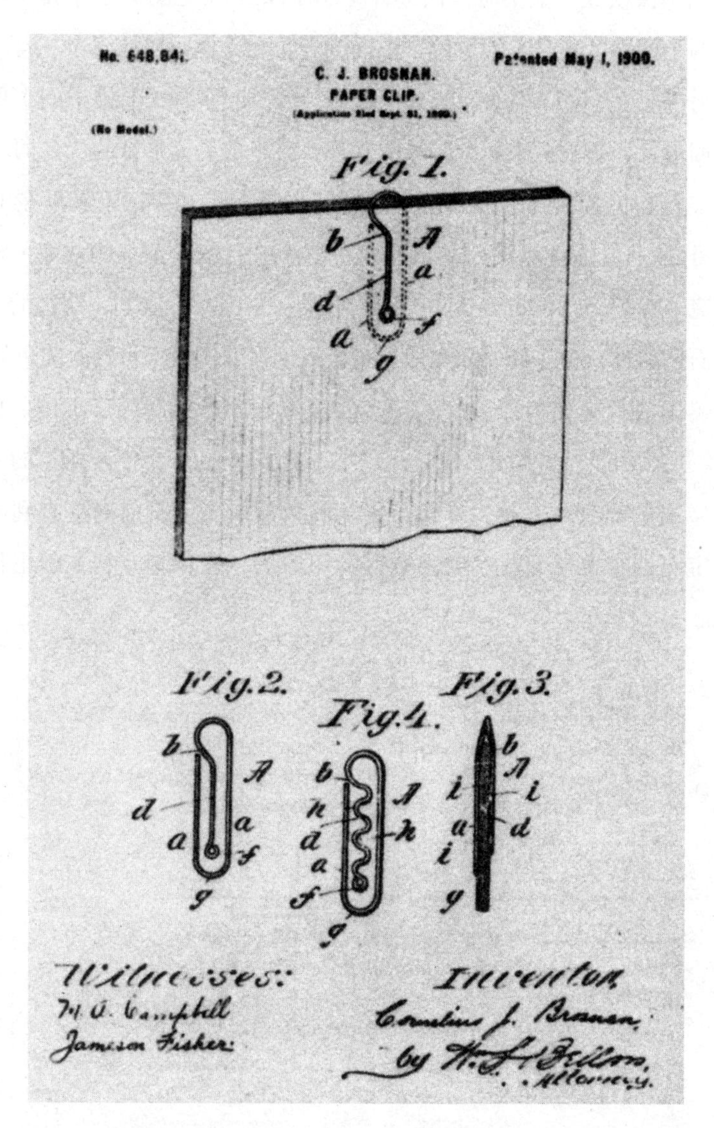

图 4-6　1900 年伯若斯兰发行他的专利回形针，其铁丝末段绕到回路中间，且做成弯曲状，改进一般回形针末端会刮伤纸张的缺点。五年后，伯若斯兰又发表了一项后来认为失败的产品（见 Fig. 3），回路中间未留“针眼”。

一个插图被换成“猫头鹰”回形针（Owl clips）（见图 4-5 下排中间），它有两个回路，并且末端再绕个小圈，可防和其他回形针缠在一起。

另外，“宝石”（Gem clips）回形针（见下图 4-5 上排中间）取代科那回形针，宝石后来居上，最受欢迎，几乎成为回形针的代名词。

宝石和伯若斯兰的科那的出现时间差不多，文字记录最早在 1899 年 4 月 27 日，康涅狄格州（机械化生产大头针的重地）的威廉 · 米得布鲁克（William Middlebrook）申请机器专利（见图 4-7），制造的产品和宝石回形针一模一样，故一般认为宝石回形针实际问世的时间更早。

美国人倒是相当谨慎，不轻言断定宝石回形针起源于美国。1975 年，《办公用品》（*Office Products*）有一期描述 1900 年伯若斯兰的专利应是宝石的前身。不过，米得布鲁克的机器应是宝石前身更有利的证明。宝石的个案研究显示要追溯起源不容易，只依赖专利文献也仍嫌不足。

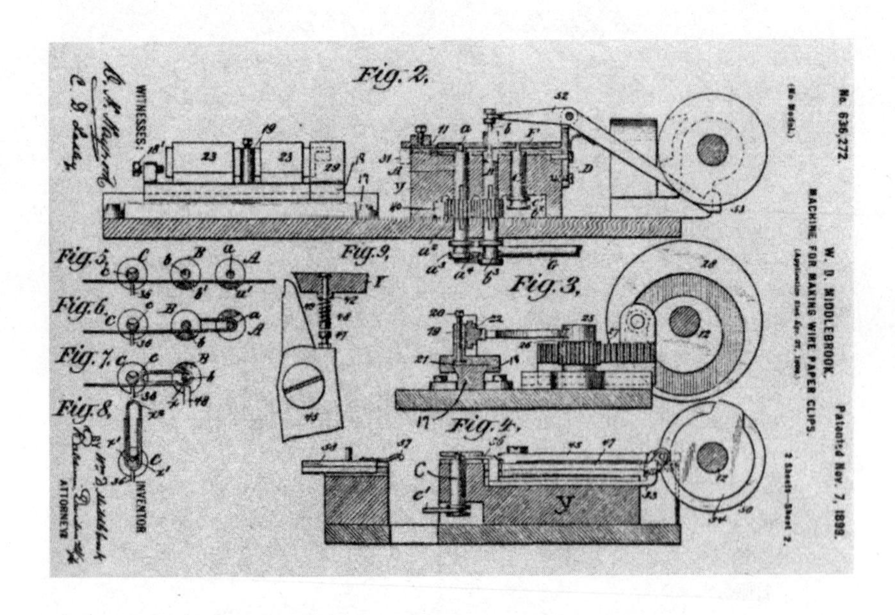

图 4-7　1899 年米得布鲁克申请专利的回形针制造机器。

宝石回形针也有可能源自英国，1907年海陆军合作社的目录上，介绍英国宝石有限公司的文具产品，其中就有宝石回形针。1908年美国也有宝石回形针的广告，号称没有其他同类产品的缺点，不会损坏纸张。

回形针的范本

当时，宝石回形针深得使用者喜爱，欧文·爱德华兹（Owen Edwards）在其书《解决良方：造福人类的工业技术》（*Elegant Solutions: Quintessential Technology for a User-friendly World*）称颂宝石回形针：

> 若“宝石”流传后世，相信以后的考古学家会给予极高的评价，在所有的发明当中“宝石”是再完美不过的！只应用胡克定律，“宝石”是如此称职地做好其工作。

保罗·戈德伯格（Paul Goldberger）亦赞道：还有比宝石回形针设计更精巧的东西吗？轻巧、价廉、坚固、好用且美观。几乎没有改进的空间，再变化只会更笨拙，反而凸显宝石的优点。

有的发明家则驳斥这种说法。在1934年12月25日申请专利的亨利·兰克努（Henry Lankenau），认为自己的设计比宝石更好：

> 回形针的一端做成方形，另一端则是V字形（见图4-8）。这样纸张较易夹入，V字形的两个回路部分相当靠近，夹力较强。

兰克努的设计的确改进了宝石的缺点，并将其命名为“完美宝石”（Perfect Gem），但一般人则以其外形的设计，称其为哥特式回形针（Gothicstyle clip），相对于“宝石”的罗马式风格。经常使用回形针处

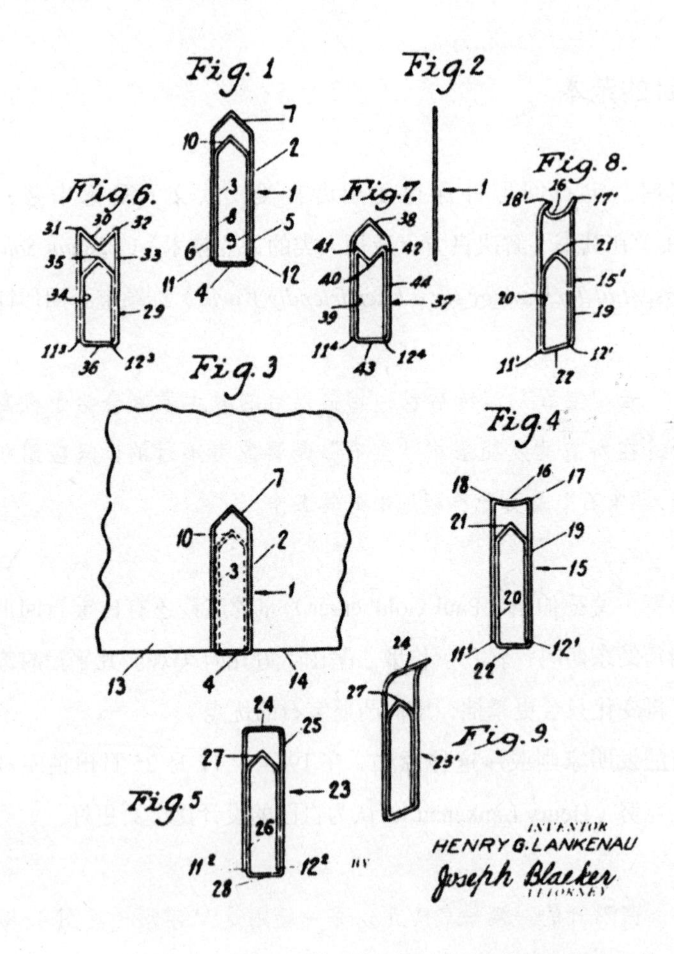

图 4-8　兰克努于 1934 年取得的专利将回形针的前缘做成 V 字形，使得夹纸时更便利。

理图书的图书馆管理员表示，哥特式确实较不易刮伤书页。

兰克努将其专利交给位于纽约的诺思钉大头针公司（Noesting Pin Ticket Company），该公司成立于 1913 年，生产改良过不易刺手的大头针，再生产回形针也是自然之事。目前，该公司号称生产回形针已有 75 年的历史。1939 年纽约世界博览会曾邀请嘉宾参观诺思钉公司在布朗克斯（Bronx）的总部及工厂，因其就在博览会场所在地法拉盛草地公园（Flushing Meadows）的对面。

各取所需

翻阅 1989 年诺思钉公司的产品目录，可以看到各式各样的回形针，每种各有其特点，依其受顾客欢迎的程度排列，榜首是“宝石”，其次为“摩擦宝石”（Frictioned Gem）、“完美宝石”及“玛思尔宝石”（Marcel Gems）。另外还有一种集各家大成的“全球”（Universal），又称“帝国”（Imperial）。“精巧”（Nifty）则是特别为大宗文件设计，针身较平以节省空间。“猫头鹰”，又称“无敌”（Peerless），夹的文件量较“宝石”大，且较紧。“戒指”（Ring）则用来夹定少量纸张。“滑翔”（Glide-on）用来夹少量纸张，而且较“宝石”牢固。在综合比较时还是以“宝石”为评量依据。

诺思钉还生产特制的回形针，包括永不生锈的金板“宝石”，适合摆在会议室的桃花木桌上，它可使最不起眼的办公室蓬荜生辉；次一级有不锈钢回形针，不具磁性可适用于磁盘，坚固不生锈；还有铜板回形针，如果觉得金板“宝石”过贵时可用其替代。

机械化大量生产“弯曲的铁丝”是促成回形针多样化的因素。回形针的多样性除证明器具并无单一的形式，同时也显示外形美观如何影响工业技术的发展（见图 4-9）。

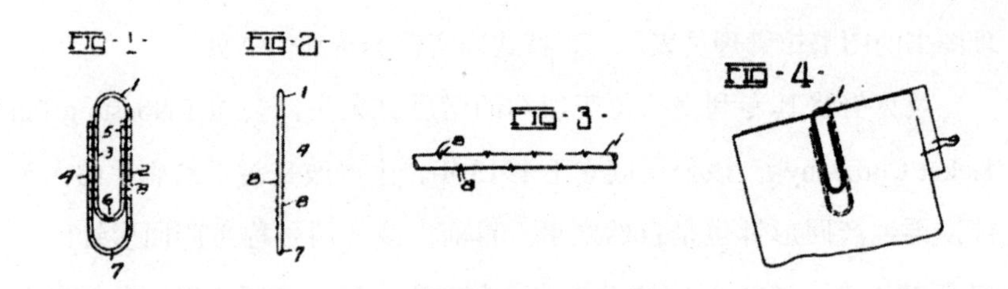

图 4-9 “宝石”虽受欢迎，仍有纸张易脱落的缺点。1921 年卡拉第（Clarence Collette）申请了一项美国专利：他将回形针的回路做得很紧密以夹紧纸张，但却易使纸张破洞。四年后，卡拉第又申请了另一项专利，将缺点改良，针身做成“节状”，能将纸张夹紧又不伤纸质。

回形针在 20 世纪 30 年代大抵已定型，之后半世纪几乎没有变化。尽管精益求精的发明家努力寻求改进的空间，但宝石回形针已深得制造商的心。

再来较大的变化是在回形针外层加各种颜色的塑胶皮，为文件档案及办公室增添色彩。我个人则觉得加塑胶皮的回形针反而功能减弱，因为塑胶皮的摩擦阻力较金属强，夹文件较费力，有时会使文件起皱。此外，因为加了一层塑胶皮，铁丝必须做得较原先细，因此回形针容易变形。然而，消费者并不计较这些缺点，这也印证了风格及美学对器具演进的影响，及缺点决定形式——原先金属回形针不能满足消费者对外观的要求。

20 世纪 50 年代出现完全塑胶制的回形针，但当时并未普遍使用，因其所夹的纸张数量极其有限，不过因其不具磁性，不会破坏电脑资料，影印时也较不伤复印机，故日渐流行。既然各产品优劣各见，端视消费者因其需要自行抉择。大抵而言，宝石回形针还是站稳了市场。

要想取代“宝石”，新产品得明显让消费者感到确实胜过“宝石”。发明不是天外飞来一笔，而是以旧产品为基础不断改良。不论电脑、桥梁还是回形针，都是不断寻求改进的结果，这正是工业科技演化的过程。

第五章　小东西大道理

许多科普作家行文于句子或段落间，在停顿、分神之际都曾为平凡事物之不平凡处有所感触。一方面，我们使用的按键式电话、电子计算机和处理文字的电脑等较精密的高科技产品，足以让电子工程门外汉叹为观止。另一方面，技术层面较低的大头针、图钉和回形针等，其功用和优美的线条也经常大受赞扬，但除非是为了了解如何营销这些我们使用频繁又甚少思考的物品，否则这些小东西甚少成为研究的主题。通常我们绝不会拿稀松平凡的物品作为说明科技过程、本领或进步的题材。

假若科技和人工制品的发展有通则可寻，那么这些通则必定同时适用于平凡和不平凡的发展。而如果能从较不令人望之生畏的事情着手，而不是钻研科学家们花费多年所发展的系统，那么要了解科技的道理就容易得多了。超级计算机和摩天大楼、核电站和宇宙飞船，这些东西的个别复杂性让我们无法专注于构成所有事物（或大或小，或简或繁）之科技发展的基本因素。参与创造大型系统的个别设计者和工程师，往往在庞大的事业体中，因人事异动而无法留名，而最终的产品经常是成千上万个无名专业人士共同努力的成果，绝不是一个设计者或工程师能独立完成的。而我们身旁许多简易事物的设计和发展格局虽小，且是由不知名的人士完成的，但是对广大的消费者而言，其原理通常要容易掌握得多。

讽刺的是，最大、最不为人知的工程结构和系统，如桥梁、摩天大楼、飞机和电力公司等，通常是由以人命名的公司所承建的。此外尚有数不清的地区性建设公司也是以创办人的名字命名的；这些公司确立的许多公共空间，带给我们身为市民的骄傲和成就感。莱特（Curtiss-Wrights）和麦道（McDonnell-Douglases）飞机皆因发明者的姓而得名，这些人间接或直接成就了今日的宇宙飞船、超音速喷射机。此外，西屋和爱迪生等公司提供我们电力公司和电力系统，让现代生活更加舒适、方便。福特、克莱斯勒、奔驰、劳斯莱斯和其他品牌的汽车，仍把创始人的名字标识在车头前的挡风板上。即使一如通用电力、通用汽车、通用动力等企业龙头，更是让人忘不了其公司的前身。

另一方面，对于桌上最熟悉、最钟爱的物品，有些我们压根儿不知道制造者是谁，即使知道，也是模模糊糊的。大头针和回形针这一类的东西自然不会带着名牌或奖章来纪念其发明者，如果我们真去查看装回形针的盒子，上头的文字写着是由“Acco”或是诺思钉制造的，这名字听起来既不像发明者，连人名都不像。许多桌上型订书机上铸有“Bostitch”的商标，这是人名吗？还是什么？不起眼的产品通常是用与发明者无关的名称；但公司的名称通常让我们有脉络可探寻产品演进的过程，进而深刻了解事物的发展。产品是为解决其前身的问题而发展出来的，因此通常会有个故事和产品名字相对应。

3M 的故事

现在大家常用的黄色便利贴，从信封到冰箱门都能粘贴，它的包装上出现“苏格兰”（Scotch）的商标和粗体的“3M”（全称为明尼苏达矿务及制造业公司，Minnesota Mining and Manufacturing Company）。这个公司的名称不言而喻，听起来也煞有其事，但怎么会和这些小小的黏性便条纸扯上关系？再者，明尼苏达州大部分是北欧人而不是苏格兰人，不是吗？

1902 年，来自明尼苏达州双港的 5 位企业家筹组了明尼苏达采矿制造公司，开采当地的金刚砂。他们认为这种矿物的硬度略低于钻石，对碾轮制造商而言，是一种很有价值的研磨剂。但是，该矿物经过使用后证明品质低劣，故这家新成立的公司遂于 1905 年转到杜鲁司（Duluth）制造砂纸。接下来是几年艰苦的运营，必须靠新的经济援助才能支持，但是要在销售上获得真正的成功，生产的产品品质至少要和同行一样好。

1916 年，该公司销售经理坚持成立实验室，以进行各项实验和测试，以确保质量管制，如此售货员才不致因产品出错而局促不安。该实验室适时成立，得以进行必要的研发工作，生产新产品，改良旧产品，以回应砂纸使用者所经历的各项问题。鉴于此，制造商的市场调查员可以这么说：公司实验室存在的原因除为控制质量之外，还为回应顾客对新产品的需求；而工程人员可以视实验室为解决问题的工作站，在此处理市场调查员带回来有关产品出错的可怕问题或是一般性缺失。在处理问题的过程中，新产品可能自然发展而成，以解决现有产品的缺点。

感压胶带

制作砂纸须将一种磨料物质粘在纸衬上，而砂纸的质量不仅和沙砾、纸等主要原料的品质密切相关，同时也取决于如何将两者一致而紧密地结合。因此，在制造砂纸的同时，也要发展在纸上覆加磨料的技术。很不幸的，即使涂上很好的黏剂，早期砂纸使用的纸张遇潮湿就会脱落，所以操作砂纸一定要非常干燥，且必然会产生许多灰尘。不过，日益成长的汽车业在 20 世纪 20 年代时需要大量的砂纸摩擦、润饰车身烤漆，而摩擦过程产生的灰尘则会造成工人铅中毒。生产防水砂纸不但能进行湿研磨，同时也将减少灰尘量，故可说是重大进步。为解决现有砂纸的缺点，3M 公司研发制造了一种防水砂纸，并让实验室一位年轻的技师理查德·德鲁（Richard Drew）带些样品到圣保罗的汽车厂进行测试。此行让理查德·德鲁又发现了另外的问题。

双色汽车烤漆在 1925 年时很风行，不过对汽车制造商和车厂而言则是很大的问题。喷第二层烤漆时为求边线干净利落，当然要先覆盖第一层漆，这就必须将报纸或包裹用纸固定在车身上。若使用车厂自己调配的黏剂，有些时候太黏，不得不将之刮除，因此漆通常也会跟着剥落。有时候车厂会使用外科用胶带，但是其布衬容易吸收新喷烤漆中的溶剂，使得覆盖物粘上原本要保护的漆，可见现存的覆盖法显然有很严重的缺点。有一天，德鲁在运送一批防水砂纸时，无意中听到一些车厂工人诅咒双色烤漆，促使这位曾利用函授课程研习工程的年轻技师许下承诺，一定要找出解决的办法。

如同大多数的设计问题，德鲁的目标以否定方式更能清楚表达：他要的是一种不容易粘的胶带。这样不仅能卷成胶卷，并可以轻易、利落地撕开胶带，而且也能将之从新烤漆的车体上除去。只不过陈述问题和寻找黏剂与纸张的正确组合，完全是两码事。前者可能在车间时瞬间闪现；后者则需要两年的时间对油和树脂之类的物质进行实验，而粘贴用的纸张就更别提了。经过无数实验所得的失败结果以及许多放弃研究的建议，德鲁无意识地试了一些不相关实验留下来的皱纹纸，发现其有皱褶的表面是胶带的最佳衬材。该公司的最高化学师将新产品的样品带往底特律汽车制造商处，然后带着满满三车覆盖用胶带的订单回到明尼苏达。

依据公司的传统知识，新胶带命名为“思高”（Scotch），原因是早期一批两英寸宽的胶带上只有边缘才有黏剂，他们认为这样就足以应付覆盖之用途，甚至可能是再好不过。粘带的一端能支撑覆盖用纸张，另一端粘住车体，而中间干燥部分则什么也不粘。但是黏剂太少了，使得粘带被沉重的纸张拉离车体，据说有位受挫折的烤漆工人曾告诉市场调查员说:“把这些胶带带回去给你那些小气的苏格兰老板，要他们多放些黏剂上去。”虽然有些老员工表示上述故事纯属虚构，不过其他人则相信它的真实性，他们说，该事件在目前以苏格兰格子图案做商标的感压黏胶系列的“命名上提供了灵感”。事实上，黏剂少并不是因为制造商吝啬，而是因为消费者可以利用此胶带，经济节省地修补众多的家庭器具。

玻璃纸

玻璃纸是20世纪20年代晚期的另一项新产品，透明和防水的特性使其成为最理想的包装材料，从包装面包到口香糖，无所不能，甚至连用玻璃纸包装覆盖胶带的想法都是很自然的，于是在圣保罗有人开始进行实验。而就在同时，德鲁致力于解决另一个问题，亦即设法改善胶带不防水的缺点，以便能适用于非常潮湿的工作环境。他想到将黏剂覆以玻璃纸，这个方法绝对有希望让包装不透水，只不过黏剂在皱纹纸上功效神奇，但要粘到玻璃纸上可没那么容易，而利用现有的机器设备制造新材料制成的新产品，通常牵涉到相当多的试验和研发。玻璃纸胶带一例中，德鲁最初的防水试验结果与预期大有出入:“它缺少适当的黏性、附着力、弹性和伸展性，此外，新产品能在华氏0度到110度，湿度2%到95%的环境下工作。”新产品一开始不能合乎上述标准是预料中的事，也因此呈现一些明确待解决的问题。

经过一年的研究，德鲁真的解决了问题，满意程度最起码能符合当时的要求，这种光面的玻璃纸胶带可用在各种修补、粘贴工作上，而对于它会因时间一久变黄、卷曲、剥落，以及很难找到切口，容易撕成斜线等缺点，大家则当作胶带本身就有的现象，因为当时再也找不到更好的替代品了。不过对德鲁这类的发明家和修补匠而言，每个缺点都是可改进之处，这部分原因是他们知道对手就是抱持这种态度。比方说，胶带很难撕这项缺点，最后促成内藏式锯齿状切割器的发明，可以方方正正地切断一块胶带，同时留下整齐、方便的边缘供下次使用。（合宜而方便的分配产品可以促成高度专业化的工厂下游组织，这由本例得到最佳证明。）

胶带一旦做了改变，新改良的产品很快就上市提供给使用者，消费者使用后都怀疑自己以前怎么能忍受旧胶带呢！事实上，制造商自己对最近改良的产品所作的描述，不仅是对魔术胶带的赞扬，同时也是对玻璃纸胶带的批评："魔术胶布容易撕开，可以在上面书写，可以防水，即使隔着胶带也可以影印。此外，不像早先的胶带，魔术胶带不会因时间一久而变黄或渗出黏剂。"这些或明或暗的批评玻璃胶带的言语，自然让人对玻璃胶带产生反感，觉得不适用。不过，在它的年代里，玻璃纸胶带可是倍受青睐的。我们对科技的期待始于它的出现。

以制作合宜砂纸起家的明尼苏达矿务及制造业公司，可能未曾事先预期多年后的产品内容。但是他们在将各种不同黏剂粘贴到各种不同材质的纸张或衬里上时，所累积的技术或其他经验，使得该公司最后能制作成千上万种产品。由于旧名字不能完全表现大制造商所生产之产品的多样性，故公司渐渐地以"3M"缩写出现而广为人知，而最近一次对股东所作的年度报告中，该公司的全名只在会计结算上出现。

便利贴

3M公司能保持产品多样性的特性，其使用的策略是一般所知的"内部企业精神"。此政策的基本概念是该公司的职员以其在外头当私人企业家的方式、态度在公司内工作，亦即在企业内创业。3M的化学工程师亚特·富莱（Art Fry）就是内部企业家的典型例子。富莱在 1974 年时任职 3M 的产品开发部门，平日上班，星期日则在教会的唱诗班演唱。他习惯用碎纸片在唱诗集里做记号，以便能在第二场演唱时迅速找到歌曲所在。这种方法在第一场时很管用，但是到了第二场时，这些碎纸片常会掉落，未察觉的富莱有时就出现不知所唱为何的场面。利用碎纸片做书签的习惯由来已久，从阿尔布雷特·丢勒（Albrecht Dürer）的人文学家伊拉斯谟（Erasnus）木刻版画前景，可以清楚看到一些，而且我们可以这么说，从这幅 1526 年的木刻版画（见图 5-1）到富莱思考书签未能达到其功能

图 5-1　丢勒作于 1526 年的《伊拉斯谟画像》，显示文艺复兴时期伟大的荷兰文学家利用碎纸片作为书签。只要不翻动书本，这些书签确实有标识的作用，但是一使用书本，这些书签就会从书页中松动、掉落。约经过 450 年，才有人因为受够了这松散的碎纸片，而致力于发明更具黏性的纸书签，这些纸书签就是后来大家熟悉的便利贴。

为止，这四个半世纪中有许多书签找不到原来标示的位置。

富莱想起一种黏性强又容易去除的“脱胶”神奇黏剂，这是3M另一个研究员斯宾塞·西尔沃（Spencer Silver）在几年前研究强力黏剂的过程中发现的。虽然这项发现不能解决西尔沃当时的问题，不过他认为这种不寻常的黏剂可能具有经济价值，就展示给同事看，其中也包括富莱。当时没有人想出实际用法来，所以这种弱性黏剂的制作公式就被公司归了档，直到富莱想到制作有黏性、可以移除、又不伤害书本的书签的那个早上为止。富莱最初的尝试是将一些黏剂滴在书页上，他猜想：“唱诗集内用来试验第一批便条纸的页数，大概还粘在一起。”不过，由于3M（以及其他进步公司）的政策允许公司内的工程师花一定比例的上班时间，从事自己所选择的计划案（一种叫作“私营”[bootlegging]的经营方式）。故富莱能取得必要的机械和材料，并花上将近一年半的时间实验并改良，找出“有点黏又不会太黏”可以作为“暂时永久性”之书签和便条纸的纸片。富莱希望书签能轻轻粘在书页上，但不想让凸出的另一端纠结在一起，所以黏剂只涂在书签的一端。这对贮存用备忘录和移动式便条纸也很适用：如果背面都是黏剂，就和标签一样，很难看到底下的东西，也很难除去。

未曾预料的需求

富莱觉得这种好粘好撕便条纸上市的时机成熟时，就拿了一些样品给公司的营销人员；在公司真正投入时间或金钱发展这项产品时，“这些营销人员必须先确定富莱的想法有商业利润，而且符合市场需求”。但是比起原来的碎纸片，这个产品得花额外的购买费用，故营销人员普遍缺乏热忱。不过富莱对自己的创造品非常尽责，他终于说服3M的一个办公室供给部门试试该产品的市场，结果新产品“满足一种未曾预料的需求”。最初市场测试的结果并不乐观，不过那些用过样品的客户则是爱不释手。虽然没有人明确说出需要这种黏性小便条纸。不过一旦到了办公室人员手上，各种用途都出现了。它突然成了人们生活中不可或缺的用品之一。便利贴在20世纪80年代中期以前就已经很普遍，现在更是无处不在，甚至有适用于垂直书写的日本字的狭长形，或许有人会辩称道，黏性便条纸的出现降低碎纸片回收做书签和便条纸的机会，不过移动式便条纸确实有保存性功效，能减少使用不雅观、具伤害力的胶带，以及公共地点张贴告示所用的订书钉。

几年前，我常和过去上学时的系主任碰面，然后一起走过校园到工程学系去。当我们走进该栋大楼时，他一定会清除粘贴或钉在门上的各种会议、聚会或认养小猫的告示。他小心翼翼地撕下胶带；胶带粘贴告示的工作变得轻而易举，却使维持校门口美观的任务越来越艰难。这位系主任不止在一种场合中解释道，胶带如果经过几天几夜就很难清除，而且胶带会破坏部分新粉刷的墙壁，使得墙壁不得不重新修补、油漆。系主任反对的不是张贴告示，而是张贴对他的学校门口景观所造成的损害。不难想象如果早有便利贴，他会有多喜爱，并梦想这些告示有海报般大小。

便利贴所提供的，只是由现有技术产品所察觉的缺失，演进到另一个不会引起挫折感的技术产品。此例再一次强调，这不是依功能来发展形式，而是一件事物的功能无法达到我们需求的程度，因此有另一个形式的发展。不管是书签无法固定在原来位置，或是粘上的便条不能保持原来整洁、干净、完整的表面，他们现有或被察觉的缺点正是导致产品演进的真正原因。也许缺点要花上几个世纪才能被察觉，但这并不会降低上述原则在塑造居住环境时所扮演的重要性。

活页纸到装订书

卷轴曾是记录和保存各种书写内容的标准媒介，从政治到学术都是，而拉丁文中的单一卷轴称为“一卷”（a volumen），源自动词“卷”字。一卷的长度受限于纸草纸卷起来或是卷到竹竿上的长度。纸草纸是将纸草植物的木髓片纵横交错地放在一起，然后或捶或压，做成一张张的纸张，这些纸张可以头尾相连，粘成卷轴所需的狭长纸张。纸草纸由于材质易裂，故用卷的而不是用折的，而就实用目的而言，其本身也不能折。

如果现在还是以卷轴来保存文字，那么阅读一卷又一卷长长的手稿时，可能要大费周章地展开、卷起。解决卷轴的不便，同时又能减少将书写物制成长条状之需要，方法之一就是将纸张制成或折成同样大小并能沿同一个边缘装订的书页。以新生绵羊、小山羊和小牛之皮制成的羊皮纸和牛皮纸，可以折叠而不会产生裂痕，故不再需要以卷轴的方式保存。随着纸和印刷术的引进，书籍大量生产，而利用针、线折叠使得装订技术越来越有效率。

针是最古老的人工制品之一，其价值毋庸置疑，然而在某些应用上，却也出现严重的缺点。具保护作用之顶针的发展，就是要避免在尚未将针穿透坚硬的材质之前，就先刺破手指，而对我们这些无法对准斜斜针眼穿线的斜眼人而言，灵巧的钻石型细弹簧丝环不啻是个天赐之物。不过，其他许多 20 世纪的人工制品，我们压根儿认为和针没关系，却也是由针发展而成的。

针可视之为无头单眼的大头针，随时可用来穿透任何东西，从面纱的接缝到骆驼皮均可，留下的痕迹只是线段而已。针线不仅制成我们祖先穿的衣物，同时也将印好的书页折叠成书帖，然后再装订成卷。虽然利用后者装订的书籍，读者看不到线的痕迹，不过书上着实烙下了标记。

由于装订用的线段使得折叠的纸张变厚，因而形成传统的书背形状。为保持装订书的书脊和其他书缘的厚度相当，不致变成楔形而对书籍的堆积、上架造成莫大不便，故书籍在装订之前会将缝合的书脊包妥修饰，并呈扇形散开，以避免装订的线段直接重叠。书本前后表皮使用的硬厚纸板增加书籍本身的厚度，使能高于书脊，而连接两者的布链则顺着圆形的书籍之势。丢勒的《伊拉斯谟画像》清楚地捕捉了书形的特色，其书页前缘配合书脊的弧度，正是因为纸张先经过整饰之后，才装订产生书脊。

虽然现在的书本可能保有弧形的书脊，实际上这只不过是僵硬、呈圆形的装订用布而已；书本身的前缘和书脊都是平的，显得很拘谨。这种改变的原因是缝合书帖的传统装订程序既耗时又花费不赀，不合乎替代程序的经济效用。目前典型的书籍都是“无瑕疵装订”，亦即纸张还是像以前一样先折叠成书帖，但不再用缝合，而是将纸张聚集堆积，然后修切成盒子状。由于折痕处不含缝线，故书脊处不会突起，自然也就没有修饰成圆形的必要了。不但如此，还会被磨成毛边，较好的书籍会涂上类似黏合便笺纸的黏剂。这种方法一开始只用在便宜的平装书，现在即使是最贵的精装书也采用这种方法，令许多作家、读者和爱书人沮丧万分。无瑕疵装订虽名之为无瑕疵，实际上还是有许多的缺点，其中之一就是以这种方法装订的书籍在读完一次之后，通常会严重变形。因此现代的书架上放置的书籍，所呈现的不是圆形书脊形成的整齐曲线，而是破裂的书脊所构成的锯齿状表面。直立起来看时，这些被读过的无瑕疵装订书籍令人想起财富如何改变书的形状。纵使对制造商而言这是一种视觉上的喜悦，但对形状感兴趣的人来说，这绝对让人沮丧。

订书机

19 世纪后期，杂志的装订是利用一条铁丝缝合，这条铁丝既可当针，又可当线，而且单条铁丝要比棉线来得强韧多了。再者，一段弯曲的铁丝能穿透、聚集更多的纸张，因此小册子和杂志都可利用单针缝的“鞍织法”（saddle stitching）制成单一书帖。19 世纪末时，铁丝缝合器在印刷和书籍装订业界是相当普遍的。这机器虽然巨大笨重，而且得花些时间调整不同的厚度，但在大量印刷时，这些缺点还是可以接受的。对于量较少的书籍，只要轻轻转动一根螺钉就能调整的缝合机，在印制少量的小册子时将省下可观的成本。

这样一部操作方便的机器是发明家汤玛斯·布雷格斯（Thomas Briggs）在 1896 年发明的。他住在波士顿郊区，发明机器之后，他将自己的公司命名为波士顿铁丝缝合器公司（Boston Wire Stitcher Company）。1904 年布雷格斯将公司迁到罗得岛的东格林威治的一家大型的新工厂，并繁荣发展至今。布雷格斯最初的机器运用的传统原则，是让铁丝的输送头和缝合的接缝平行，剪取适当长度的铁丝，弯成 U 字形，然后穿过纸张扣成一针。由于输送头大小的限制，操作一次的针距无法少于 12 英寸，这表示至少要操作两次才能装订小册子。在东格林威治时，布雷格斯发明了输送头和接缝垂直的输送机，能剪下一断铁丝，然后改变方向才弯曲缝合。这种方式使得操作一次的针距能小到 2 英寸，装订时间至少比原本快两倍。

缝合机用来剪断、旋转、弯曲铁丝的装置，正是其复杂、昂贵的原因。为克服这个缺点，机器被改良成使用事先成型的单个铁丝，然后直接穿透书本纸张，加以缝合。这些单个铁丝称为订书钉（Staple），是依据用来穿透木门、墙壁和柱子，以固定钩子、铁扣、铁丝之类工具之尖端 U 型铁丝命名的。虽然最早的订书机可追溯到 1877 年，不过早期的订书机必须用手装订书钉，而且一次只能装一根，故操作非常缓慢。1894 年引进的订书机有一个输送带，能装载一排松散的订书钉，不过必须先将这些松散的订书钉推离一个木头模心才能装订，故过程非常复杂、谨慎，才能避免发生阻塞现象。解决这个缺点的方法是将一些订书钉沿着锡模包装，让订书钉在使用前能保持固定。随着订书钉的前进，订书机每次能切剪一根新的订书钉。这种穿透加固定的操作方法，本身相当直接、简单，主要利用蛮力将订书钉穿过工作物。因此，订书机的制作费用可以便宜到最小的印刷店和装订所都买得起，而这项新产品的早期销售对象正是这些人。

布雷格斯最初装订小册子和杂志的订书机很大，不需要支撑物，而且是用脚操作的。对于办公室里装订几张纸这等小事，当然不需动用牛刀了，所以使用简易的大头针或是铁回形针的情形还是非常普遍。因此，波士顿铁丝缝合器公司视办公室为轻型订书机的现成市场，并于1914 年提供桌上型订书机，根据需求定价。不过，早期的桌上型订书机使用松散或纸包的订书钉，结构相当复杂，而且易于发生阻塞。直到1923 年办公效率运动的高潮期，简易桌上型订书机才被引进，而“使用订书钉连接相关的纸张首度获得重大推动”。不久该公司引进粘成一长条的订书钉，“免除使用松散订书钉者在操作、装置、输送上的苦恼”，这个未取得专利的点子，在这个日渐竞争的行业中迅速地传播开来。由于订书机对波士顿铁丝缝合器公司的重要性与日俱增，而该公司早已搬出波士顿，故该公司开始寻找具有特色的商标名。公司原已缩写成波士顿缝合器公司，现在更缩减成“Bostitch”，并以此登记为订书机的商标名。由于这个商标名变得非常重要，所以波士顿缝合器公司在1948 年改名为“Bostitch”公司。

20 世纪 30 年代早期，桌上型订书机真的是操作容易的小机器，一般而言，新机型只是将外观改成流线型，以配合时代潮流。不过新机型还包含更简单的装填方法，并能当作敲平头钉器。因此，长久以来将钉子钉入墙壁及将带刺铁丝网钉入篱笆的柱子时使用的 U 型、双尖头的平头钉，正是轻便桌上型订书钉名字的出处，至少形状上是如此。现在这种订书钉则被用来将标志、告示固定在公布栏、电话杆、学校门口和围墙上，这只不过是一家工厂生产之上百种固定器中的一种，其演变史证实了“新机种一直在改良；有些时候只是做些以前未做过的事，有些时候则是让做过的事做得更好、更快”。回形针及所有的技术产品在形状上的变化，正是由这种比较演变而来。

第六章　拉链的故事

寒冷的冬日，我常有围巾不断滑落肩头的困扰。试着调整围巾的长度仍无效，我只好将围巾打结，省得老得调整围巾，这刺激我思考彻底解决的办法。

同时，我也想起老祖宗穿兽皮遇到的困扰。他们可用手臂夹紧皮衣，但就不便使用双手了，于是他们用鱼骨来固定衣服接合处。最早想到此法的人真是个天才，可惜不可考。但用鱼骨，或其他兽骨、兽角等尖状物，在步行、奔跑及更衣时很容易掉落，且接合处的穿孔越穿越大，从而失去固定效果。随着衣料改变，针较不易掉落，但孔不断变大的问题依然存在。

胸针及扣环以前也用于固定衣服，其体积虽较大，但不易脱落。早在 2500 年前，罗马人就发明了安全别针。1842 年，纽约的托马斯·伍德沃德（Thomas Woodward）申请类似的专利，它是由一根针和一块金属组成的，用于固定披风及尿布，和现在的别针类似（见图 6–1）。多加一块金属，针尖可收进金属钩中，以防刺人，也较不易脱落。

1849 年瓦特·洪特（Walter Hunt）的专利又进一步改良别针，在针与金属片间加上弹簧（见图 6–2）。洪特是位多产发明家，他发明了来复枪及缝纫机，但为顾及裁缝师的生计，他并没有申请缝纫机的专利，不过他还有很多其他专利，并雇用绘图师为每项专利申请案制图，当时他积欠绘图师薪水，但只要将任一项发明专利权让出，就能将债还清，

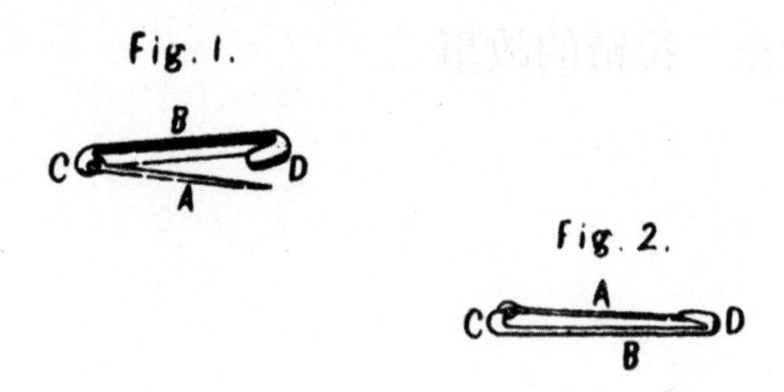

图 6-1 早在青铜器时代便利用直针固定衣服，但针易脱落或刺伤人体。1842 年伍德沃德申请别针专利，针尖收到金属片中可防伤人。

还能剩下 400 美金。

中世纪流行紧身衣，别针由于无法别紧而变得不实用，于是有了铁钩的出现，它不但能夹紧且费时不多，但是突出衣服之外，并且容易钩到异物。结带则无这样的缺点，但较费时。

纽扣及纽扣孔又是进一步的改良。在古罗马时代就已经使用纽扣，其做法是在衣服上缝一个套环，然后将纽扣套入，但套环容易断裂，一直至 13 世纪才开始直接在衣服上挖洞，并用缝纫技巧加强孔缘，从而克服先前的缺点。

十四五世纪时，欧洲上流社会流行衣服上有一排纽扣，现在男女装纽扣分缝左右侧，据推测应该是当时形成的习惯，由于多数人惯用右手，故男装纽扣缝于右侧，而女士着装有女仆侍候，故缝左侧以利女仆使用右手。

纽扣通常缝制得相当靠近以求扣得紧，应用到靴子上亦然，不过一旦纽扣太密集，手指便不好穿过纽扣孔，于是就又出现了铁钩式纽扣（buttonhook）。

19 世纪时长筒靴很流行，特别适合走泥泞或有马匹排泄物的道路，但缺点就是高筒靴的铁钩式纽扣多达 20 余个，穿脱极为费时。这个缺

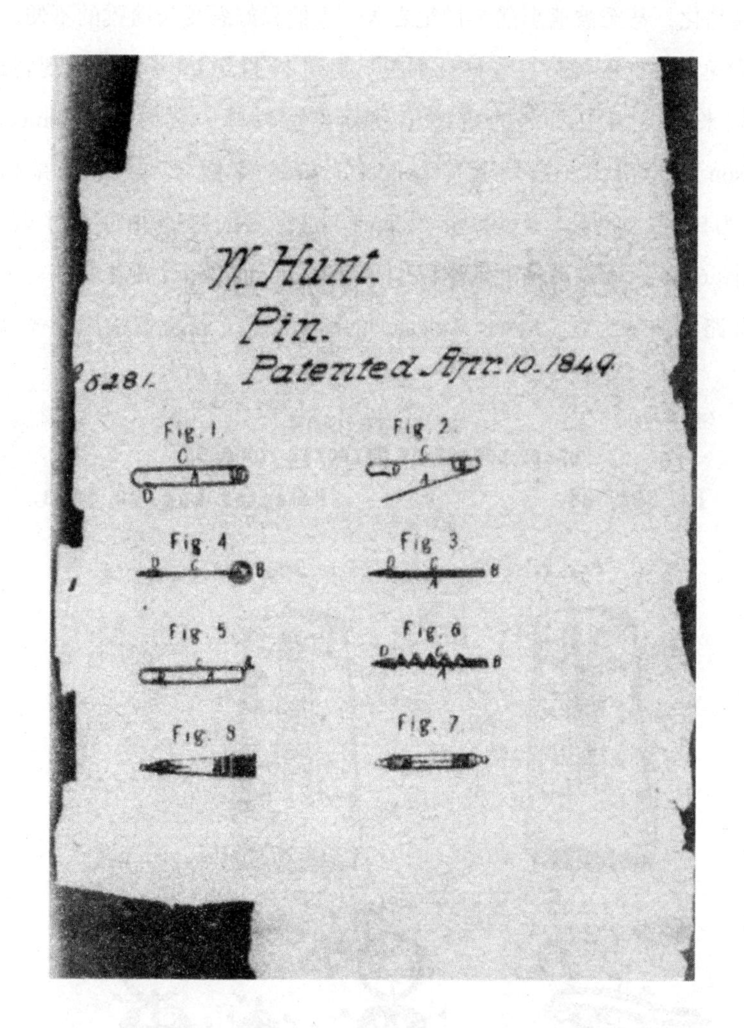

图 6-2　1849 年洪特申请的专利设计在原针上加弹簧（类似设计在罗马时代就存在），极具巧思。

点让发明家伤透脑筋，也耗费了赞助者许多金钱及耐性。终于，1851 年艾利斯·荷威（Elias Howe）申请了一项类似拉链设计的专利，但并未商品化，甚至被遗忘达半世纪之久。人们只好忍受长筒靴的不便，有时为免穿脱的麻烦，只好整日不脱。直到 19 世纪 90 年代才出现转机，一位来自美国中西部的机械工程师惠特科姆·贾德森（Whitcomb Judson），想出用一滑动装置（slider device）来嵌合及分开两排扣子（此为拉链的前身，不过拉链［zipper］这个名词约过 30 年后才出现）（见图 6-3）。新发明需要资本以作商业发行，很幸运，贾德森获得宾州律师路易斯·沃克（Lewis Walker）的财力支援。沃克曾采用贾德森的

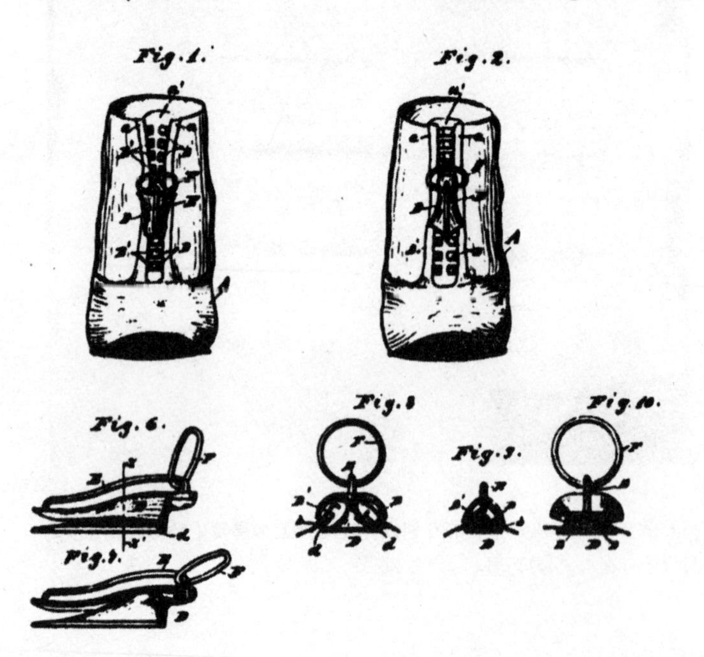

图 6-3　贾德森 1893 年的专利品：无铁钩式纽扣，滑动即可穿脱高筒靴。

点子，用压缩的空气推动火车，他们选在纽约华盛顿特区展开实验，但由于电力日渐普及，以致实验失败亏损许多钱，连累沃克的银行家妹夫，但幸亏沃克继承了父亲的部分财产，因此对贾德森的设计仍有高度兴趣。

贾德森于 1893 年芝加哥哥伦布世界博览会展示他的新发明，将它直接穿在自己脚上，沃克对此发明极为赏识，两人于 1894 年合伙成立全球滑动式纽扣公司（Universal Fastener Company），并于 1896 年再度申请专利（见图 6-4）。但成品有点笨重，不受制造商青睐。后来将新产品改用到邮物袋上，但在 1897 年底前也只有 20 个袋子派上用场。另

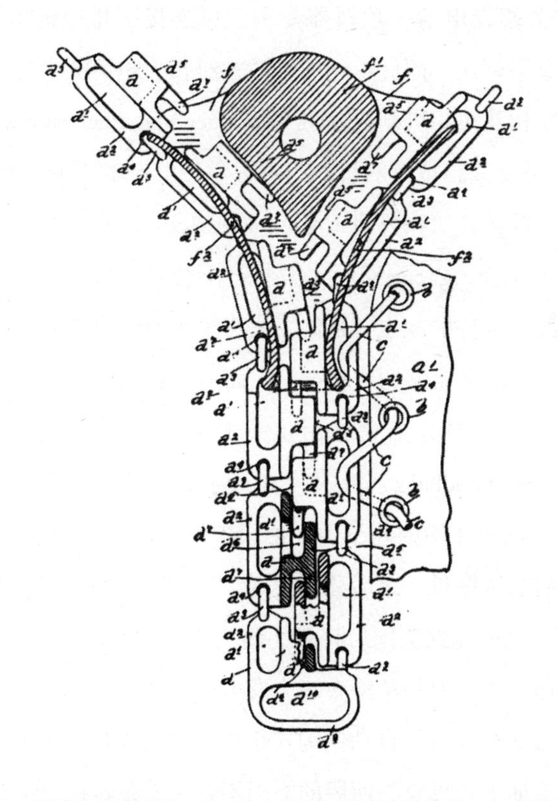

图 6-4　贾德森改良过的 1896 年专利品：拉链式高筒鞋，不过没有马上形成风潮，一直到 1905 年才有别人申请类似设计的专利许可证。

外，沃克努力将此设计应用在军用鞋上，而赢得“沃克上校”（Colonel Walker）的称呼。

不断发明，再接再厉

同时，贾德森仍不断改进新设计的缺点，以适应紧身衣的需要。沃克曾说贾德森解决问题的方法是不断发明，但每一项发明又带来更多的问题，耗资甚巨，发现的问题比解决的问题还多。

1901 年贾德森申请一项机器专利，可连接一排拉链的齿状部分，但机器太复杂不好用，因此，全球滑动式纽扣公司消沉了好一阵子，之后，又成立纽扣及纽扣机制造公司（Fastener Manufacturing and Machine Company），研发缝制拉链的机器，省去手工缝制的不便。1904 年该公司更名为自动铁钩式纽扣公司（Automatic Hook and Eye Company），并将产品取名为安全（C-curity），凸显拉链不会轻易松开的优点。但其实拉链常有爆开或卡住的缺点，最终只好将整个拉链自衣服拆下。往往发明者耗尽心血推出实验室的成功产品，而消费者一再发现缺点。

贾德森设计的缺点后来才由生于 1880 年的瑞典人森贝克（Otto Frederick Gideon Sundback）解决，其双亲拥有农、林场，家境优渥，从而得以将具机械性趣的儿子送往德国求学，森贝克于 1903 年取得电机工程学位后返国服役，之后移民美国，当时美国的新兴工业正需要大量的工程师。森贝克到美国后将名字简化成“G. Sundback”，在匹兹堡西屋电器工作，为尼亚加拉瀑布水力发电厂设计涡轮式发电机。由于工作地点与发行安全拉链的自动铁钩式纽扣公司的股东居住地宾州相当接近，地缘关系加上森贝克与西屋的上司不合，于是转往自动铁钩式纽扣工厂所在地新泽西霍博肯（Hobbken）发展，而结识赞助者阿诺森（P.

A. Aronson），并与其女艾微拉（Elvira）结婚。

1908 年起，森贝克开始研究拉链的改良，日夜苦思改良之道，他想办法让拉链的齿状部分密合，以防爆开，并将安全拉链更名为普拉扣（Plako）拉链（专利权于 1913 年才申请，专利字号 1060378 的设计被认为是拉链问世的重要里程碑）。然而森贝克的美梦未圆，新产品仍有缺点，接到了许多消费者的抗议信。

第一次世界大战期间，美国的经济很不景气，钢一磅 5 美分，工人一星期工资 6 美元，公司裁员只剩下森贝克及另一名员工，森贝克身兼经理、工程师及小弟。当时，森贝克积欠提供钢丝的若柏林公司数千美金，他只好修护一台机器来生产回形针赚钱，幸亏，赞助者总是不断出现：剧作家之父詹姆斯・奥尼尔（James O'Neill）当时巡回上演《基督山伯爵》（*The Count of Monte Cristo*）一剧，他对森贝克的普拉扣拉链极感兴趣。

事业上虽有了转机，但森贝克个人却遭受空前的打击，其妻难产而死，森贝克伤心之余，更加致力于改良拉链。1912 年森贝克再度申请专利，专利许可于 1917 年核准，沃克称此专利为“隐藏式钩子”（hidden hook），对前景持乐观态度，但森贝克担心财力不够，而且他认为新设计的外观仍有待加强，尽管如此，沃克仍相当看好森贝克改良后的专利，并把公司名改为“无钩式纽扣公司”（Hookless Fastener Company），工厂迁至米德维尔（Meadville）。

森贝克进一步改良无钩式纽扣，将齿状部分改为汤匙状，顶端成凸状，末端凹状，滑动装置一滑就可使左右“齿状部分”嵌合，再滑回则分开，被称为“无钩式二号”（见图 6-5），并且设计出制造齿状部分的机器，1913 年他正式宣布此一技术突破。《科学美国人》曾以森贝克的专利为封面故事。

六个月后，森贝克准备大规模生产，沃克也筹划举办庆功宴，可机

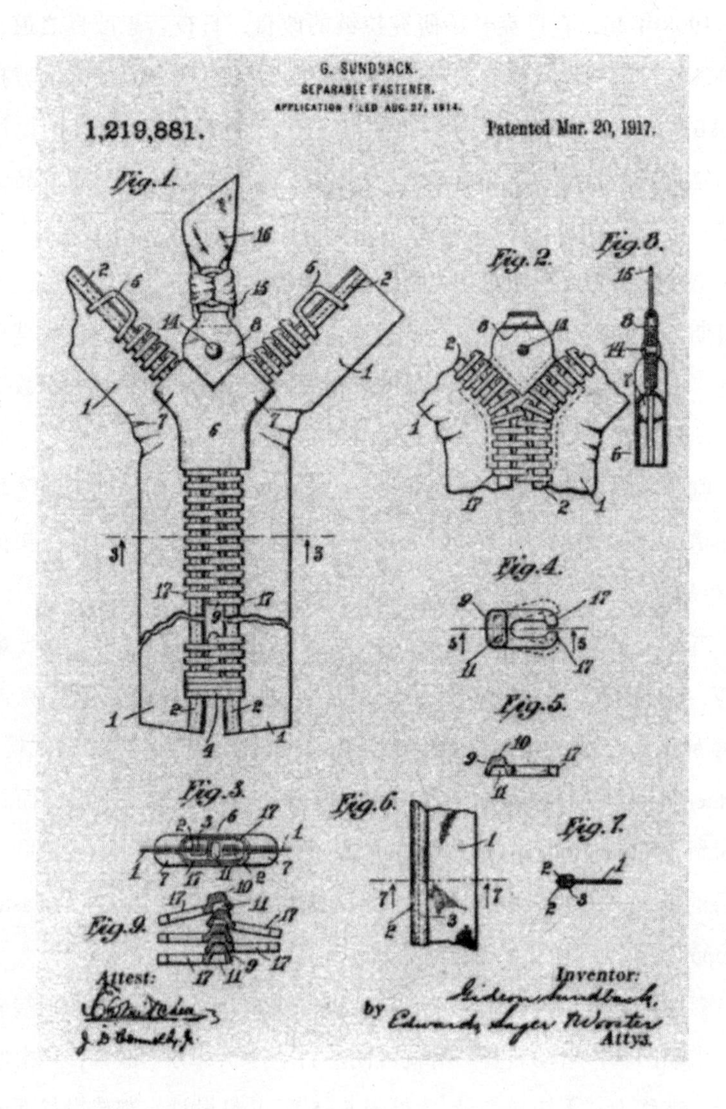

图 6-5　经过不断的实验，森贝克于 1913 年发明了无钩式纽扣，而于 1917 年获得专利权。

器却出了问题。不过一下就修好了，无钩式二号预备上市。在克服产品本身缺点之后，还得说服制造商配合，制造商惯性较强，他们在面对大的改变及额外的开支时，需要时间接受新的制造方式。

沃克的两个儿子小路易斯·活克（Lewis Walker Jr.）和华勒斯·沃克（Wallece Delamater Walker）也花了八年的时间从事改良工作。佛罗里达州的约瑟芬·卡洪（Josephine Calhoun）在1907年也申请了类似安全拉链的专利。同年，科罗拉多州的弗兰克·凯费尔特（Frank Canfielt）也申请专利。致力于这方面研究的发明家不只出现在美国，其中和森贝克最后成品最接近的是苏黎世的昆木思（Katharina Kuhn-Moos）及福思特（Henri Forster）在1912年的专利品，不过，都没有像无钩式二号成为商业产品。

积极回应顾客需求

市场需求决定产品成败。一开始无钩式二号的订单并不多。匹兹堡的麦克瑞（McCreery）百货公司认为无钩式二号很适合用在裙子及套装上，要求制造商一律采用无钩式二号，但仿效者不多，都不敢冒险使用新产品，而是静待市场反应。森贝克为争取客户，不断改良拉链的性能以适应需求，并向合作的制造商保证，不会提供产品给与之竞争的对手。

制造技术也精益求精，米德维尔的工厂一天制造1630个无钩式二号，且没有瑕疵品，结果订单日渐增加。但第一次世界大战使供应量降低，供货速度随之减慢，以致部分顾客流失。但战争也带来新的机会，军人的置钱腰带使无钩式二号的需求增加；空军飞行装采用无钩式二号不但可节省材料，而且防风效果更好；海军的救生衣也采用无钩式二号。政府于是特别拨金属材料以供生产。

休战期使产品需求减少，而成衣业对此依然不感兴趣。无钩式二号虽被证明好用，但偏高的价格令其无法普及。森贝克明白这一点，开始致力于降低生产成本，提升制造效率。他发明了 S—L 机器，降低生产过程中材料的不必要浪费，只要原先原料的 41% 即可。提高竞争力后应用的第一个产品是拉克泰（Locktite）烟草袋，结果销售相当成功。1921 年底，烟草袋公司每周的需求量达 7000 船次运量的无钩式二号。为因应高额的需求量，无钩式纽扣公司又加盖了一座新工厂。

只要拉一下

1921 年俄亥俄州的古德里奇公司（B. F. Goodrich Company）向无钩式纽扣公司订购少量产品，用在所生产的橡胶套鞋上。试用发现效果良好，又大批订购，并将发现的缺点告知无钩式纽扣公司。后经改良推出奇妙靴（Mystik Boot），其特点是只要拉一下就能穿或脱。

营销人员对奇妙靴的称呼不甚满意，想找个更能彰显特色的名字，经理一时灵感，想到“Zip”这个拟声词——物体快速移动的声音，将奇妙靴更名为拉链（Zipper）靴（见图 6-6），后来“Zipper”——拉链就成为所有类似无钩式纽扣产品的总称。

那年冬天，古德里奇公司售出将近 50 万双拉链靴，20 世纪 20 年代中期每年至少向无钩式纽扣公司买进百万条拉链，无钩式纽扣公司有感于无钩式一词带有负面联想，而拉链一词又为古德里奇公司所创，因此，又想出“鹰爪”（Talon）这个名词，1937 年公司也跟着更名为鹰爪。

1930 年之前，无钩式纽扣公司每年可售出 2000 万条鹰爪，应用范围从铅笔盒到摩托艇的引擎盖，但成衣业依旧观望不使用。到 30 年代中期，服装设计师伊尔莎·斯奇塔尔莉（Elsa Schiaparelli）首度大量采用鹰爪，《纽约客》（*New Yorker*）形容其 1935 年春季服装展“垂满拉

图 6-6　古德里奇公司将奇妙靴更名为拉链靴，并注册商标，后来“拉链”便成为这种装置的总称。

链”，此后，成衣业才渐渐采用拉链。

拉链的故事再度证明功能决定形式的谬误，拉链前身的每一阶段都是为了相同的功能，但却有不同的形式，若当初的某一环节，如发明家的毅力或是赞助者的财力有所变化，今日的结果也许就不相同，可见器具的缺点才真正是推动器具变革的动力。

第七章　制造工具的工具

在所有器具当中，以手工具的形式最繁复，手工具毕竟是人类文明最早的一批工具，进化史也最长，又是制造其他工具的工具，自然具有独特的地位。

历代工匠很少和外人谈论所用的工具，一来是没有必要，他们可利用基本手工具制作其他工具，若需要其他工匠配合，如铁匠，他们也常隐瞒器具的真正使用目的；再者，工匠为保有竞争力，更不愿交流器具制作的信息。此外，过去工匠多为文盲，无法将制作器具的方法记录下来。

乔治·斯图尔特（George Sturt）为19世纪英国的农夫和陶匠威廉·史密斯（William Smith）所著的传记中，对工匠的心思及手工具的演进有所描写。一般人不会把工匠工作时所坐的物品也当作手工具之一，但座椅对工作效率的影响不下于刀锤。斯图尔特就发现一个奇怪的现象，史密斯的家具都有命名，他特别注意用来当座椅的成品：

> 有个凳子叫大椅子（Broad-ass），当找不到座椅时，史密斯总高喊“把大椅子拿过来！”另一个叫“老科克蒂”（Old Cockety），还有一个叫“无人”（Nobody）。无人是方比若陶厂（Farnborough pottery）的奈提·哈里斯（Ninety Harris）所发明的，他有次无意间拾获一片木板，找位木匠将木板中央挖个洞，以便插进另一根

木头当作椅脚，当陶匠在制作黏土不便坐固定座位时，刚好派上用场。

陶匠很喜欢这个发明，他们根据不同工作需求选择适合的椅子，并依椅子的特色命名，如此一来以后要订制椅子也较方便，正如今天人们喜欢为车子取名一样。

斯图尔特还提到另一个手工具——罗纹机（ribber），罗纹机在陶罐上制出的纹路较手工制的齐一，陶匠很看重这个工具，不随便借给他人使用。

古德曼（W. L. Goodman）在所编著的《手工具图解百科全书》（*The History of Woodworking Tools*）的序文中指出，人类社会因不断改良旧工具及创造新工具而进步，他也提到编书的过程中充满挫折，因为工匠很少以文字记录手工具的发明缘由，甚至到中世纪时，手工具还被视为“秘密”：

> 当陌生人一进工作室，工匠就把手工具收起来，当有人询问起工具，工匠不是语焉不详就是胡言乱语。一般人也不敢轻易怀疑，被哄得一愣一愣的。因此，即使是几代前的工具也不能确知其用途。

当然，还是有少数例外，如《金属》（*De Re Metallica*）的作者乔伊斯·阿格瑞科拉（Georgius Agricola）、《机械设计》（*Mechanick Exercises*）的作者约瑟夫·默克森（Joseph Moxon）及《百科全书》的作者狄德罗，但19世纪多数与器具有关的文字叙述仍付之阙如。

手工具的收藏家喜欢收集奇怪少见的工具，并发掘其用途，手工具收藏协会“美国工业协会”（Early American Industries Association）有个“这是什么”（What is it）委员会，其会刊《年代》（*The Chronicle*）有个专栏“这是什么”，专门讨论一些用途不为人知的手工具，从勺子到螺帽都有。从以前的产品目录可以证实器具真正的用途，知道器具演进的原则，有助于我们发掘器具真正的用途。

阿格瑞科拉对矿业的专题论文，有系列地记录了一个行业的工具，其特色在于有丰富的插图，其中有一幅（见图 7-1）：一位铁匠在工作，旁边的树木残枝上插有一把大剪刀，其中一端弯成 L 状固定在残枝中，长约 1 米，另一端刀刃长 2 米，杠杆效用大；一端固定在残枝上使得铁匠切割金属时，可挪出一手固定或调节待割的金属，切出来的成品就比较精确。

图 7-1　阿格瑞科拉的《金属》一书中有丰富的图解，说明 16 世纪中期矿业及制铁业的工具及工作情形。图中可见一把大剪刀，其中一端固定在树木残枝上，以利工匠腾出一只手工作。

锯 子

工匠的工作经常重复，一旦熟悉所有的工作，工匠便开始思考如何改进工具的效能。然而现代研究工具的学者，如罗伊·昂德希尔（Roy Underhill）及英国殖民时代弗吉尼亚州威廉堡的知名工匠，大多将心力放在研究及保存旧工具上，提供了许多器具演进的缘由。威廉堡的许多手工具，特别是锯子，和今日相差不多，可见当时手工具相当进步，像锯子几乎几世纪都没有变化。

4000 年前近东地区发现赤铜矿后，金属锯子就开始出现。后来，黄铜取代赤铜，铁又取代黄铜。17 世纪弓形锯（bow saw）相当流行，今天在欧洲亦然，但在英语国家弓形锯则被宽锯刃的手锯（hand saw）取代。

锯齿的发明灵感很可能是源自动物的下巴骨，之后，越做越复杂，因目的不同而选择不同锯齿的锯子。若顺着木头的纹理切割时，锯齿就做得像凿子，若逆着纹理切割时，锯齿则做得像刀子。

锯了切割木头的木屑会塞入切割的沟槽，阻碍切割，因此将锯齿有偏右或偏左，切割出的沟槽较宽就不易被木屑阻塞。切割不同材质所需的锯子也不同，材质较软的木头所产生的木屑较多，故锯齿齿距加宽以免木屑阻碍切割；反之，切割材质硬的木头，齿距则较密，锯齿也较小。

锯树则用两端皆有木柄的手锯，锯刃较宽，由两名锯木工分握两柄，来回拉锯，直到树木倒下，倒下后再锯成一片片的木板。这时手锯又有新的问题，锯树时手锯是与地面平行，而锯木片时得垂直，这样一来不好操作，二来地球引力使得木屑容易阻塞沟槽，于是发展出了锯木场（saw-pit）。

为克服上述缺点，于是人们又想出办法（图 7-2）：将树木架高，分握锯子两柄的工人一位站在架子上，一位则站在架子下，一来好操作，二来地球引力由阻力转为助力。站在架上的锯木工的经验通常较丰富，是锯子的主人，负责保持锯子锋利，将锯子往上拉时是真正锯木的阶段，且要保持锯子锯得正。这个例子再次证明缺点为器具改进的动力。

图 7-2 《百科全书》中的插图：两位锯木工用框型锯锯木。

锯树的手锯及锯木场用的锯子，有时显得过大而笨重，因此发展出小型的锯子。但切割较精细的木片时，锯刃仍嫌过于厚长，故将锯刃做薄而在锯身加强以防断裂。之后，又有特别用来切割弧形物的弦柱锯（frer saw）。

上述只是几个例子，证明同一类器具会因特殊目的“分化”。不过，器具分化过于繁复的一个问题是，使用者必须准备多种工具，因此，也出现多功能的锯子（duplex saw），但效果不好，发明者不得不承认失败。

斧 头

另一项常被论及的器具是斧头，佩伊就常以斧头为例，解释“功能不决定形式”。就功能而言，斧头只能劈柴，伐木则无效率。斧头早在石器时代就已出现，到殖民时期，欧洲斧头已成定规。由于斧头的历史渊源使得人们不计较功能上的缺点。

铁制的斧头不够坚硬，因此，欧洲人在斧刃上焊接一层钢，但即使如此，欧洲斧头还是有握柄容易脱落的缺点，在森林资源充沛又无历史包袱的美国，人们不像欧洲人那样能忍受这些缺点。公元 1700 年以前，美国斧头大抵上仍沿袭欧洲式，但强化了顶端握柄处，使得斧头重心往握柄处转移，以加强稳定效果，斧头的重量增加后，砍伐的力量也增大。

18 世纪末之前，美国斧头发展出较欧洲斧长的斧刃。后来，出现双面斧，一面斧刃变钝后可用另一面，从而延长磨斧头的间隔，省去伐木工的麻烦。

19 世纪美国出现了各式各样的斧头，且具有地方色彩，毕竟各地的木材有别，伐木工的喜好、习惯也不同。巴萨拉注意到 1863 年一份制造商的斧头清单上，斧头的名字都是取自地名，如：肯塔基、俄亥俄、扬基、缅因及密歇根等。短短 20 年间，斧头的种类超过 100 多种。

锤 子

在探讨工业技术的演进时，锤子也常被提出来讨论。相信读者还记得前述伯明翰的锤子。锤子及锯子等都是工匠使用频繁的工具，工匠自然思考如何改进功能，故种类繁复。

《锤子：手工具之王》（*The Hammer: The King of Tools*）一书中收录

上百页图片，每页约有 10 到 12 种少见的锤子及锤头。书中还有 1845 年到 1983 年间美国申请锤子专利的设计图，当然，其中也有许多专利申请纯粹只是外观上的改变（见图 7-3）。

维多利亚时代晚期也出现了各式各样的锤子，沃德公司（Montgomery Ward）1895 年的目录就列有许多样式的锤子，其中一种锤头部分较轻，带有较大弯爪的锤子在锤入铁钉时不会破坏板面，而拔出铁钉时又较省力，很受消费者的喜爱。这是一个工具具有数项功能的例子，试想如果每个工具都只有一种功能，得发明多少工具才敷使用。故种类再繁多的工具也有限制，这是平衡实用目的和经济成本的结果。

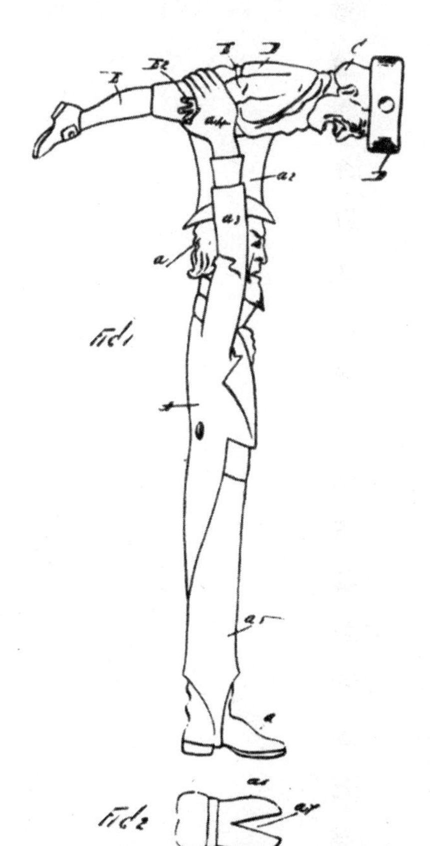

图 7-3　即使讲求实用的工具还是可能有新奇的外观。此图是 1898 年的专利申请，把锤子做成人形。

第八章　器具繁衍的形式

在古董拍卖会上常会听到对一些罕见银器的讨论，这些银器看起来好像餐具，但实际的功能却只能臆测。收藏家猜测银器的功能时比谈论价格还固执。外行听几句就立刻觉得如坠云里雾中，到底这银器是用来吃冰激凌，还是吃鱼或面包？甚至怀疑那些正在讨论或辩论的人是否清楚自己在说些什么。

苏珊娜·麦克拉伦（Suzanne MacLachlan）专门收集全国银器公司（International Silver Company）于1904年到1918年间销售的“葡萄”（Vintage Pattern）系列银器。银器的握柄上有葡萄的图案，收藏家因此自称为“葡萄迷”。麦克拉伦收集了1100件葡萄系列的银器，并出版了《葡萄迷收藏家手册》（*Collectors' Handbook for Grape Nuts*）一书，列出超过60件罕见的银器，以及80件当时常见的银器，包括一般餐用的银器及吃奶酪、棉花糖的罕见挖勺（见图8-1）。其中有一种餐具，可谓刀叉匙的综合，称为“瓜叉”或“瓜刀”（melon knife or fork）。还有一种“橄榄叉”或称“橄榄匙”（olive fork or spoon），盛物部分的前端有两个“退化的”小小叉齿，中间则挖空成橄榄状，以取用橄榄。这样的设计让麦克拉伦在分类时伤透了脑筋，后来只好将其同时列在匙及叉的部分。

麦克拉伦在书的前言谈分类的困难时提到，1904年到1918年间的银器常不断重新设计、命名及改变大小。往往叉齿形状不同的叉子在目

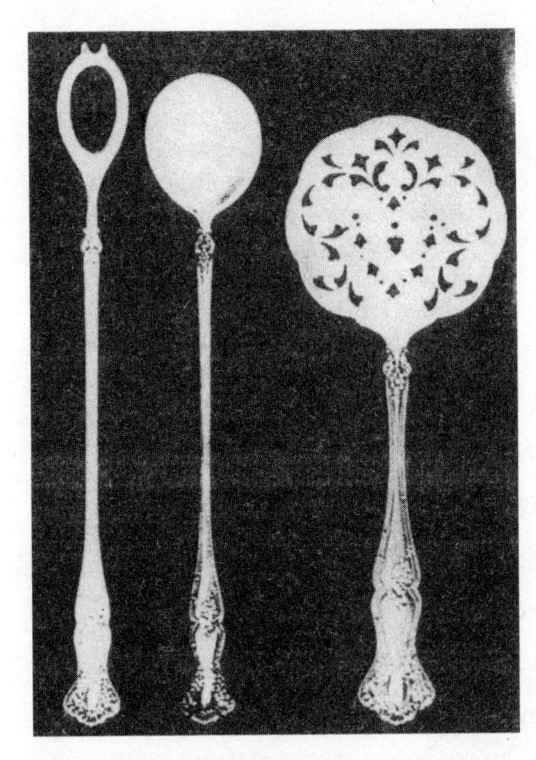

图 8-1　三件“葡萄”系列银器，由左至右分别为橄榄叉、巧克力搅拌匙及西红柿匙。橄榄叉中间挖空的部分可以稳稳地盛橄榄，前端小小的叉齿则用来固定橄榄，再把橄榄盛起。

录中共用一个分类编码。早期的叉齿曲度较大，叉齿较尖，容易弯折；后期的叉齿经过改进则较直、短而钝。另外，同一种叉子在不同的目录中有不同的名字，如沙拉叉或菜叉等，以适应不同的需要。

需要为发明之母

在 1904—1918 年的 14 年间叉子的变化是“缺点为器具演进动力”的典型例子。不同的叉子因应不同的需要，如餐用叉子过重不适用于吃沙拉，于是有沙拉叉的问世。

“葡萄迷”的问题还算小，维多利亚时代早期的银器制造商都没有印制图解目录，使收藏家伤透脑筋。到 19 世纪末期，图解目录已非常普遍，不然实在无法分辨不同形式的同种器具。1880 年到 1900 年间，罗杰兄弟公司（Rogers Brothers）推出 27 种新产品，同时其他公司也推出了许多新设计。根据经常著书谈论银器的陶斯·雷瓦特（Dorothy Rainwater）的描述：

> 1898 年，陶乐公司（Towle Company）的“乔治安”（Georgian）系列有 131 种不同的设计，其中 19 种为用餐用、17 种上菜用，10 种切食上菜用、6 种勺子，以及 27 种其他类。试想宴会主人要分办不同的餐具有多么辛苦：不要把炸丸子用的误为送馅饼用的，不要把夹腌菜用的误为夹西红柿用的……

一直到 1926 年，某些形式的餐具还可再细分到 146 种不同的样子。为简化餐具形式，当时还是美国商业部长的赫伯特·胡佛（Herbert Hoover）建议任何形式的餐具，最多采用 55 种样子，这个建议被纯银制造商协会所采纳。今天，我们很少发现同一形式的餐具有超 20 种样子。各式各样的餐具命名极易引起混淆，看似一样的餐具在不目录中有不同的名字，特别是同一形式之下餐具差异更小，更易引起混淆（见图 8-2、8-3、8-4）。

餐具之所以如此繁复，是为了在不同使用情况下达到最佳效果。例如，一般餐用叉子若要自玻璃瓶中取出腌黄瓜颇为困难，因为黄瓜滑溜不易叉入，或即使叉入，在拿出瓶颈时也常掉落。要改进上述缺点，得想办法让叉子叉紧，但问题接踵而至，因为这样一来要将黄瓜自叉子取下放入餐盘又变得不容易。两者间如何取得平衡得费很大脑筋，不同的设计者有不同的判断及选择，外观因素也会影响设计者的决定。另外，为了简化餐具，设计者也要考量让同一餐具有多项功能。

要知道所有餐具的功用不是件易事，许多餐桌礼仪的作者也建议读

图 8-2　这些叉子是“莫赛儿”(Moselle)系列产品，由左至右分别是食用腌黄瓜叉、糕饼点心叉及沙拉叉。左边两种叉子有一个特别锐利可替刀子切割的叉齿，而且叉齿本身不对称，很明显是供惯用右手的人使用。

者无须知道所有餐具的功用。20 世纪 20 年代的博斯特如是说：

> 很多人表示他们用餐时得满怀恐惧，生怕用错餐具。其实罕见的餐具很少出现在正式场合，即使出现，用错也没关系，毕竟礼仪是植根于传统之上的。至少，错用沙拉叉叉鱼并没有多大关系，但通常是不会出现这样的错误，因为用餐者凭直觉自然会选择适当大小的叉子。不过，若错用主菜的叉子叉牡蛎，或用茶匙喝汤则会出丑。

博斯特及一些礼仪专家认为，即使在正式的餐会，只要有下列餐具就堪称完备：汤匙、甜点用汤匙、茶匙、搅拌咖啡的小汤匙、大小叉

图 8-3　各式各样的叉子。第一排（由左至右）：牡蛎匙、牡蛎叉（四式）、草莓叉（四式）、贝壳叉、生菜叉及模制食品叉。第二排：大沙拉叉、小沙拉叉、儿童专用叉、龙虾叉、牡蛎叉、牡蛎鸡尾酒叉、水果叉、贝壳叉、龙虾叉、鱼叉及牡蛎鸡尾酒叉。第三排：芒果叉、草莓叉、冰淇淋叉、贝壳叉、龙虾叉、牡蛎叉、点心叉、沙拉叉、鱼叉、派叉、甜点叉及餐叉。

图 8-4　同样功能的餐具，不同的厂商制造出不同的形貌。第一排（由左至右）：沙丁鱼叉（四式）、沙丁鱼匙、果冻刀（五式）。第二排：西红柿匙（三式）及西红柿叉。左下：奶油刀（四式）。右下：奶酪匙（二式）、奶酪叉及奶酪挖勺（四式）。

子各一（大叉子用于主食，小叉子用来吃沙拉及甜点）、大小餐刀各一（大餐刀是钢刃，小餐刀是银刃）（见图 8-5）。

许多现代的银器在外观上都很吸引人，握起来手感也颇佳，但还是有尚待改进之处。例如，许多叉子不做成一般尖锐的四齿状，而做成较钝的三齿叉，叉食物的效果较差。此外，有些叉子的叉齿部分面积不大，盛载食物的效果不好。虽然看起来美观，我个人总觉得不好用，但大多数的消费者并不介意。

图 8-5　博斯特提到基本餐具，由左至右分为餐用叉、小叉、牡蛎叉、餐用刀、小奶油刀、水果叉及水果刀。

推陈出新，刺激买主

纯银制品原是一种投资方式，后来因为美观因素变为常备品。不过，镀银无法永久保存，通常维持 25 年就得重新镀制。

在选购银器上，博斯特提的建议是：选择样式较保守为佳。样式较新奇的通常不好。行家认为最优良的银器出现在18世纪及19世纪初。外行的我们对现在的仿古银器相当满意，而选择旧式也比选择新造型的银器好得多。

制造商不断推出各式各样的银器来刺激消费者的购买欲，维多利亚时代对器具的讲究，也对银器的繁衍有推波助澜之效。

博斯特提到的基本餐具在当时的西欧上流社会相当普遍。之后，刀叉的大小常随食物及餐具的大小而改变。毕竟用一般规格的汤匙吃葡萄柚或用一般大小的叉子吃龙虾总是令人深感不便。随着运输及冷冻技术的进步，各式各样的菜肴应运而生，餐具也相对地变得日益繁复，导致购买餐具的花费增加，清洗存放餐具的时间增加，甚至替餐具取名及教导如何使用的麻烦也增加。

19世纪人们对器具非常讲究，甚至到邻居彼此暗中较劲的地步，一场正式的宴会要别出心裁令宾客印象深刻，一位英国农夫就以其慷慨别致的晚宴而声名大噪：

> 他觉得用餐时仆人不断上菜会干扰客人用餐，因此装设了一套运送食物的“铁轨”上菜设备，一辆装载食物、点心及酒的电动车在铁轨上绕行，客人取用食物时按一下钮，车子便会暂停，然后再开到下一位客人面前，绕完一周后驶回厨房装载下一道菜（见图8-6）。
>
> 另外，还有一种高17英寸、着厨师服、手拿装有食物的托盘的自动上菜娃娃立在宾客面前，客人只要按娃娃脚部的按钮即会自动上菜。

由此，可稍微一窥维多利亚时代人们对器具的讲究（见图8-7）。通常这样的宴会包括：两道汤、两道鱼、四道菜、一些烤肉及一些什锦小

图 8-6　铁轨式餐车省去仆人不断上菜的麻烦。

菜。如此隆重令我不解，但最近一次拜访英国倒让我开了眼界。剑桥大学的午餐比美国最正式的晚餐还丰富，其一般晚餐所使用的银器更是丰富。我在建筑协会的年度聚餐中看到各式各样玻璃杯堆砌成一道水晶墙。

有人以为维多利亚殖民时期的美国对餐具重视的程度较轻，但一本1887年在波士顿出版的有关社会风俗的书却显示并非如此：

> 餐盘两边通常放置7到9个玻璃杯，另外的桌子上还有两个玻璃杯，一杯盛雪莉酒或白葡萄酒，一杯盛红葡萄酒。
>
> 牡蛎汤之后还有两道汤，白色和棕色或者白色和清汤。
>
> 接下来是鱼，之后是主菜、烤肉、罗马酒（柠檬汁加蛋白、糖及兰姆酒），再来是沙拉。
>
> 奶酪是单独的一道菜（现代的餐点每一道菜都是“独立的个

体”)，通常两种青菜组成一道，或是许多蔬菜杂烩成一道，如芦笋、甜玉米和通心粉。

盛大的晚宴才如此丰盛，平时酒只要两三种即可。到了 20 世纪时餐饮则简化些，《现代纽约礼仪》（*The Etiquette of New York Today*）中谈道：

> 现代餐饮较简单，通常包括葡萄柚、开胃小菜、汤、鱼、主菜、烤肉加蔬菜、沙拉、甜点及水果。
>
> 奶酪通常在沙拉之后上，如果提供洋蓟和芦笋则通常是分开的两道菜。

许多菜肴自然搭配许多瓷器或银器餐具，因此一些适应特殊食物的餐具也随之出现，例如牡蛎叉，其叉齿较短能将牡蛎的肉自外壳取出；叉齿较弯以配合牡蛎壳的曲度；握柄较短使用餐者较好施力。牡蛎叉也可用来吃龙虾，但为了方便叉齿深入龙虾的钳子内，而将叉齿的间距加宽。

有一本 1887 年出版的关于社会风俗的书谈到叉子的简史：

> 在所有英语国家及法国，除了切割食物外，几乎不用刀子。但在欧洲大陆叉子的使用并未这么普遍。
>
> 叉子首先取代刀子，而后取代汤匙，特别是追求时尚者除了喝汤及搅拌茶之外，不管吃什么东西都用叉子，甚至连吃冰激凌也不例外，还装出一副很好用的样子。

不过，另一本书则谈到“叉子热”并非遍及整个文明社会：

> 在英国及其殖民地、法国、奥地利及美国，使用叉子是上流社会人士的特征，但在俄国、波兰、丹麦、瑞典、意大利及德国，刀子仍然是主要的进食用具。

另一位作家警告读者：“有些法国菜，如鱼丸（quenelles）、炸肉丸（rissoles）和肉饼（patties）只能使用叉子，若使用刀子是极野蛮无礼的。”

使用叉子的风气日益普及，致使叉子不断改进繁衍，而刀匙的使用率已随之降低。但叉子并非适用所有食物，例如吃派，若单用叉子便很难分割，若不用刀子帮助就很难办。1869年里德巴顿公司（Reed & Barton）申请“可切割用叉”，并先后发展出各种大小——餐用叉、甜点叉、派叉、糕饼叉及肉叉。

19世纪80年代，派叉及糕饼叉又进一步改进，将齿距加宽，使之较不易扭曲变形，而且叉齿做得较扁而尖以利切割。

后来又陆续出现沙拉叉、柠檬叉、腌黄瓜叉、芦笋叉、沙丁鱼叉等，适应食物需要将叉齿或加厚，或磨尖，或将齿距加宽。刀子在19世纪末已鲜少使用，但还是继续流传下来。尽管餐具繁复，但使用者还是不断发觉餐具仍不尽如人意。

不同的食物对餐具的要求也不同，例如，鱼肉较猪肉易切割，19世纪晚期教导礼仪的书主张不使用刀子吃鱼，但并未解释原因。20世纪初，专用的鱼刀及鱼叉已成标准餐具，但还是规定一般刀子不能用来吃鱼。

不必要的

今天坊间一般谈论餐桌礼仪的书籍，谈起鱼叉也不知其何以为人所用，博斯特就认为：“鱼叉是不必要的，除吃鱼外别无他途。”但如果对器具的演化稍有了解，就知道所谓“不必要”的器具一定有其形成的背景。

鱼肉属酸性，加上调味的柠檬汁也是酸性，会腐蚀餐具材质，特别是钢制的餐刀刀刃（银制刀刃不够锐利）。1911年出版的《上流社会礼仪》（*Manners and Rules of Good Society*）一书谈道：

> 钢刀使鱼肉有异味，因此有相当长的一段时间，用餐者用小片面包直接夹取鱼肉，虽然这样手指很接近餐盘。某次宴会上，一位男士改用两根银叉，但这种用法只流行了一阵子，后来就演变成特制的小鱼刀配合鱼叉一起使用。

19世纪80年代末期，在正式的宴会上使用鱼刀鱼叉已成定习，毕竟以前舍刀子不用时，吃鱼极不方便，特别是美洲河鲱。鱼刀是银制品，如此才不会被酸性腐蚀。鱼刀的弯刀造型很特别，虽不如钢刀锐利，但足以切割鱼头鱼尾及将鱼肉及鱼骨分开。刀身无须长，但要稍宽，切割鱼肉时鱼肉才不会散开，鱼叉也是这样。

博斯特认为鱼叉是“不必要”的，叉子上的格纹细工也属多余，不过，她承认鱼叉的叉齿扁平、银制的鱼刀边缘做成锯齿状，以及有个尖状的刀锋，这些并非多余，乃是基于“传统”。但实际上这些器具之所以有今日的形貌，都是工业科技演化的结果。虽然1914年不锈钢刀的问世，使鱼刀或许显得“不必要”，但银制的鱼刀还是以其特点取代原来的不锈钢刀，这就不是博斯特的“传统”一词可以解释的了。

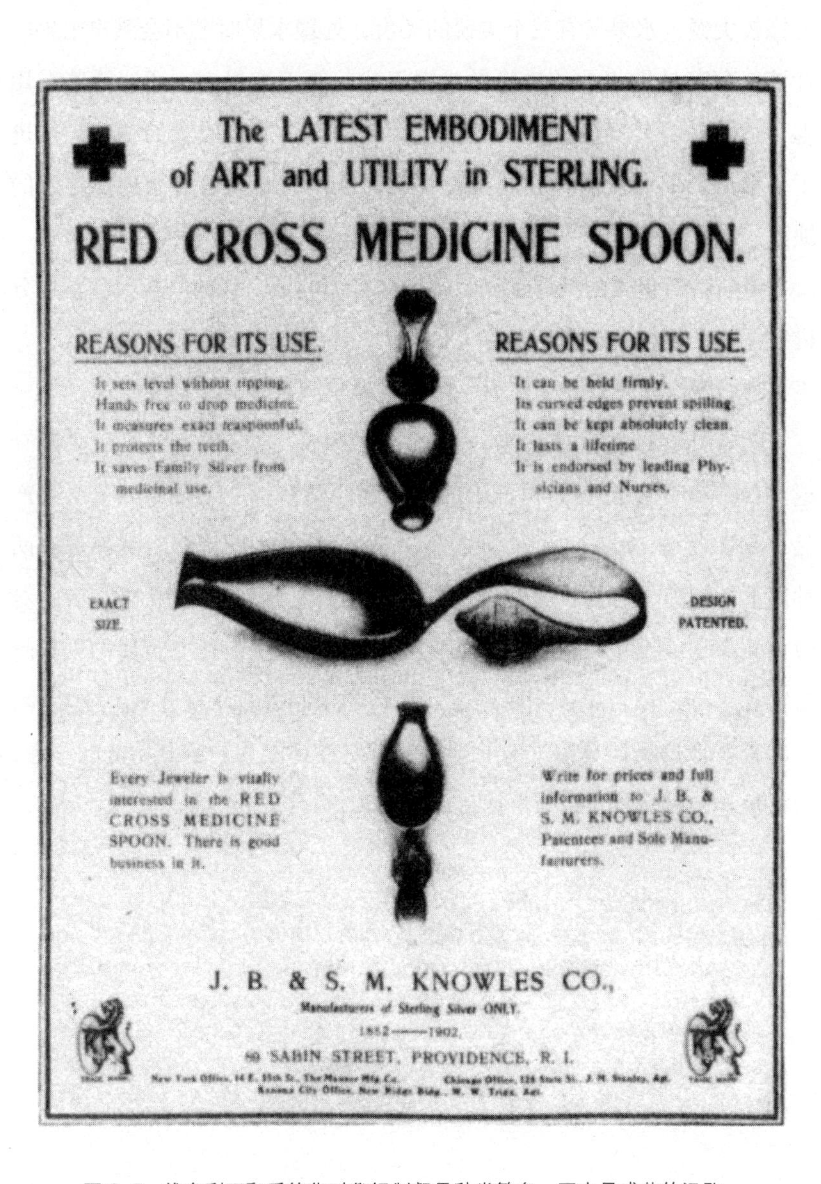

图 8-7　维多利亚和爱德华时代银制餐具种类繁多。图中是盛药的汤匙。

一些刀叉是为了吃特殊食物而为人接受，如水果刀的刀刃较锋利，刀锋较尖锐，水果叉有三个尖锐的叉齿，处理水果时较不会溅出水果的汁液。葡萄柚匙将匙的边缘做成锯齿状，便于挖果肉。还有冰茶专用匙，适合杯身较高的杯子，且握柄做成中空，兼具吸管的功能，改进了一般同时将吸管及搅拌匙摆在杯中，饮用时眼睛容易戳到搅拌匙的缺点。

博斯特对鱼叉的批评，显示她不像维多利亚时代的一般人，不过分讲究器具，但她的理由不够令人信服。一些看似“不必要”的器具，并不见得就没有实际的功能，而一定曾经确实满足了某些特殊要求。

随着社会日益讲求快速，加上住房变小，过分讲究餐具的热潮衰退。1965 年里德巴顿公司推出的“弗朗西斯一世”（Francis I）系列产品，就标榜从 1907 年的 77 种产品中精选出 10 种。许多餐具都具有两种以上的用途，而餐具的形式及名称也越来越没有统一的标准。有的看似鱼叉却是沙拉叉，有的好像奶油刀但结果是鱼刀，越是近代的餐具越是需要一本产品目录证明其用途。现代的银制餐具重视外观甚于功能，听起来好像违反器具演进的原则，但有些设计能完全避开功能的考虑，而将美学、风格及新奇与否摆在首位。

第九章　流行和工业设计

厨师的刀和木匠的锯子能在相似的情境中发挥类似的功能，技工常用它来准备某些大工程的小细节，也许是餐桌上的一道佳肴，也许是餐厅里一个精致的餐具架。由于烹饪和木工都是古老艺术，所以切割工具已经高度专业化，不同性质的工作必须使用不同形式的刀子和锯子。但是，不管厨师刀的刀柄合不合手，或木匠收藏的锯子吸不吸引人，这些很少成为选择工具或判断工作者能力及表现好坏的主要标准。相反地，深受师傅们喜爱的旧刀或旧锯子，把手可能严重缺损、断裂，致使没有学徒愿意为选用旧刀而放弃新款式。师傅们的手以一生的时间雕琢刀柄，一如河水无声无息侵蚀两侧的峡谷，刀柄因长久使用而呈现的斑驳、磨损，也只有师傅们的手才适合。

餐刀也和厨房刀及木锯一样具有功用上的特色，但因使用的社会环境不同，有另一种完全不同的分类。餐桌上有社交因素的考虑，人们的举止充满有关撕面包方面有意识或无意识的传统与迷信，这是厨房料理台或工作台上不会出现的。大体而言，技工们会置身于杂乱却有创意的工具之中，独自静静地工作。相对的，餐桌上的用餐者除了说话之外，很少创造出什么东西来；整个宴会中，他们同时身兼演员和观众二职。实际上，餐桌上发生的任何事情，其最重要的本质不在创造性，而是符合举止、礼节和流行等独特的规定。

我们每个人都要消耗食物、穿戴服饰，当我们的祖先从事这些事情时，他们对样式的关心远不及东西的本质。但是随着文明的进步，特别是阶级意识的发展和大量产品的问世，多彩多姿的消费社会不但具备生产各种样式不同的事物的能力，人们也心生“拥有”的欲望。器具使用的社会背景，对样式上的装饰等非本质的改变有重大的影响力，只不过功能细节演进的动力仍来自器具的缺点。

对于19世纪60年代在伯明翰制造的锤子有500种一事，虽然马克思深感讶异，不过这可不是资本家的计谋。说真的，如果真有什么计谋的话，那也是让制造的种类减少。锤子种类多的原因，在于当时锤子的分工已经专业化，对于一般人很少使用而技工每天要使用上千次的工具，每个使用者都希望尽可能拥有最理想、最合适的形式（见图9-1）。我的工具箱里有两把普通的锤子：一是常见的木匠锤加上钩子，另一把则较小，用在大锤子不适用之处。每次使用时，我常会思考特殊锤子的价值。我当然用锤子来敲钉子或拔钉子，不过也用它们来开或盖油漆罐、捶凿子、钉地毯、扳直弯曲的自行车挡泥板、敲砖块和钉木头，等等。

当我用一般的锤子处理敲钉子和拔钉子以外的事时，效果通常不好；物体表面因为锤子而造成损坏，表明锤子必须根据特殊用途加以修改。比方说，盖油漆罐时必须小心地捶，才不会把盖子敲弯而盖不紧；如果锤子的头又宽又平就好办多了。锤子在捶凿子时常常滑落或对不准目标；如果是大头的木锤就容易多了。将地毯钉到护壁板时，我要不是挖到护壁板或弄弯钉子，就是捶到自己的大拇指；如果锤子的头又长又细，而且有磁性可以吸住钉子，那就方便多了。试着把弯曲的自行车挡泥板扳回原来的弧度时，我发现即使是小锤子也嫌太大、太平；如果锤头像个球一样，一定好用多了。利用锤子的钩爪敲砖头，即使技术再好，角度也会倾斜；如果锤子有个几乎和手把垂直的凿子钩，一定更顺手。钉木头时很难保持木头不裂开；如果锤子的头又宽又软，就不会有

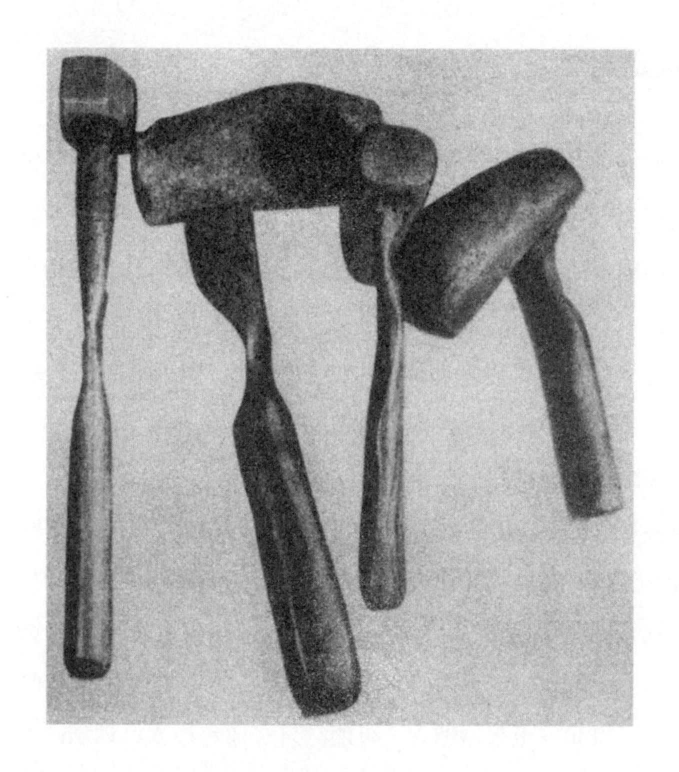

图 9-1　这些 7 至 11 英寸长的锤子显示，19 世纪谢菲尔德（Sheffield）地区的技工常年敲打小型餐具，结果使原本笔直的锤柄磨损变形。未磨损的部分显示锤子崭新时，锤柄只是一般的普通造型；而不同的样式，可归因于各个技工的握法和木材纹路不同之故。

这种烦恼。总之，如果这些不只是在周末时才偶尔做做的事，而是每天例行的事，我一定希望用最合适的工具把工作做好。要我用同一把锤子完成 500 种不同的工作，我最少能找出 500 种缺点，然后发明 500 种以上的各式锤子。锯子和其他工具的情形亦如锤子一样。若找不到合适的特殊工具，我的工作和名声可能因而受损。

礼仪决定声誉

不管职业为何，社交声誉主要决定于如何使用银器而非锤子。不过，由于高度特殊化的餐具不再流行，所以使用仅存的一些餐具用餐，可比使用锤子更需要技巧。由于用餐者自备餐具的时代早成历史，现在用餐时，不管在面前的银器多么奇怪罕见，不管适不适用于桌上的食物或合不合手，我们都得立即适应，这是举止、式样和流行进化的结果，就像“形式”的理性发展一样。事实上，后者的发展受经济和流行独特性等外在因素的限制。

当博斯特建议 20 世纪 20 年代的读者选购最传统的银器时，她是以 18 世纪末和 19 世纪初的古典造型作为品味高雅的典范。当她进一步表示，这段时期制造的银器为个中极品，同时也否定了古典银器之后演进的各种特殊的刀、叉、匙。这不只是“负担得起什么东西”的问题，因为买得起古董银器的人（可能“只有荷包最大、最满的人”），自然也买得起同样品味、同样款式的现代器具。博斯特在《社交用途蓝皮书》（*Blue Book of Social Usage*）一书中所说的“古董银器是唯一真正的银器”，似乎是消费主义（consumerism）——拥有穷人负担不起的东西——最终的目标。虽然到 20 世纪时，几乎任何具社交意识的男主人或女主人都买得起“忠实仿造原物的现代复制品，而且感到非常满意”。不过只有传统的有钱人和现代新贵才想要拥有真品。

毫无疑问的，人们只从博斯特的声明和主张中读取自己有能力负担的信息，至于那些荷包扁扁的人，可以只看邮购目录选银器，而不是找古董书。在《上等英国货品》（*Very Best English Goods*）1907 年的目录上，除非看到叉齿以上的部分，否则我们很难单靠图片分辨古英国、安妮女王和其他样式的银叉。实际上，如果用纸遮住叉齿以外的部分，读者都很难分辨这些叉子的样子相同抑或不同。6 组切鱼用的银叉摆在一起几乎全一样，除了叉柄外，每只叉子都是5个叉齿，很难区分。腌黄瓜叉和奶油刀是少数几种有图示的特殊化用具，还有各种不同尺寸的叉子、汤匙和少数餐具只标示价钱，而没有参考图案，大概是因为与标准餐叉和汤匙只是尺寸不同，样式则完全一样。不过，形式多样化绝不是什么阴险的计谋，因为消费者只会购买其中之一，何况制造商和商人如果库存各种不同样式的餐具，还会出现大量资金无法自由使用的问题。说实在的，商人提供多样化的选择是为了留住顾客，避免他们跑到别处购买流行的式样，而不是出自功能上的需求。

1926年以后，银器的式样虽然统一了，不过大约在博斯特宣称选择复制品、不要选择新设计样式的同时，供美国大众参考的目录上也出现了多样化的形式。当博斯特看到产品时，心中一定想着“不好的银叉叉齿厚，边缘锐利，原本单纯的设计还增加或挖出许多图案”。锐利的边缘和厚厚的叉齿，使叉子在没有仆人的餐桌上或水槽中较不易弯曲，不过厚叉齿也降低了叉子刺食物的效果。这种相互矛盾的发展结果，源于发展的重点放在银器样式，而样式的演进原本应该是解决传统叉子无法有效切割食物、叉食物等缺点，而现在则是为配合手把的流行而非功能。

流行创造时尚

不管叉齿的形状为何，都是以较普通的金属制造，例如不列颠金属（锡、铜和锑的合金，在光泽和硬度上远胜于白铁），然后镀上定量的一层银，这样就能生产人人买得起的扁平餐具。如果叉齿太厚，加上精细的叉柄会增加镀银的表面积，那么就可以将镀银的量稀释。大肆装饰以区别银器的把手，经常是邮购目录的宣传重点。通常同样价格的汤匙会把形状相同的匙底重叠起来，然后匙柄呈扇形排开以供选择。其他地方则只露出匙柄，然后以辐射状排列出来，图案中间则写着“质量”、“魅力”，以及向消费者保证所有的产品都是正确、个人化和迷人的文字。个性（individuality）加上免费或象征性收费的刻字服务，似乎一直是很重要的卖点，而最高的终生保障，更暗示购买银器不是为了后代，而是要表现自己的个性。

为效法政府发起的简单化制度，这类目录似乎也减少了强调特殊化银器，例如牡蛎叉和鱼刀，而越来越加重宣传分配用的餐具，如糖铲和盛肉汁用的勺子。这是为了配合 19 世纪“吃在俄国”（*dîner à la Russe*）时尚之后，回归到在家用餐（dining *en famille*）的晚餐方式；“吃在俄国”的晚餐完全依照俄国的用餐方式进行，所有的菜都从边桌上，用餐者面前没有任何分配用的盘子。现在，看到侍者同时使用大叉子和大汤匙且技术纯熟，而不是用特殊分配用餐具，不禁让我们想起，虽然只是几件银器，但有经验的人依然可应用自如。

即使在某些最佳现代银器的目录中，手把比起刀身、匙底或叉齿来，也是最不可能从图片中省略的部分。一份以收藏家为对象而印制的银制餐具详细目录，只印出手把部分，仿佛强调说，即使是老练的双眼也很难分辨不同式样的刀、叉和汤匙。餐具设计师自然不会完全同意刀身、匙底和叉齿已经演进到尽善尽美的境界；任何有这种想法的设计师，无疑都可以想一些解决现有餐具问题的不同方法。不过，不同于偏好小器具的维多利亚时代，20 世纪稍早开始，进食的器具显然已经成为流行品而非功能用品。

如果流行未垄断形式的演进，那么工具的商业目标应会取而代之成为最受注目的重心。因此，一份收藏家的锤子手册中，至少有 1000 种独特的工具图片都没有把手。另外一本关于乡村手艺工具的书籍中，一张有着各式各样锤子的插图也省去其中一些锤柄，而完整画出的锤柄，式样变化比锤头少多了。实际上，这张插图提出了一个问题：为什么锤柄没有像锤头一样特殊化呢？答案可能是，技工们对工具影响工作程度的兴趣要浓于工具是否合手这个问题。

锤柄最大的变化似乎在于长度，柄长主要和锤子的力道大小有关，而不关技工的抓握。一张拍摄自美国国家历史博物馆器具展的图片显示，锤头的变化很多而锤柄则非常相似。有些锤柄的形状很罕见，尤其是金属做的，不过这是基于认清“没有任何两只手的形状相同”这个事实，而绝不是为了个别化。此外，技工的手很快就会适应工具的把手，正如我们适应桌前的银器把手一样。工作台上是没有多少流行空间的。

即使是18世纪史塔福郡（Staffordshire）的陶器，也逃脱不出流行和形式两者的关系，或者该说是前者对后者的影响。乔舒亚·威基伍德（Josiah Wedgwood）是当时的陶艺家之一，他在自己的实验簿中写道，传统粗陶器的售价奇低，使得“陶工没有能力增加更多资本，或将陶器制造得更完美。至于优雅的形式，注意者就更少了”。他特别提到龟壳仿制品，由于“这方面数年来都没有任何进步，消费者几乎已厌倦目前的产品，虽然不时调降价格以利促销，但这个方法是行不通的。这一行业需要一些新点子的刺激”。不过，即使卖更多的陶器是个明确的目标，但这并不意味着形式的改变完全由独特的流行因素决定。威基伍德增加生意的方法，不只是从新奇和特殊化两方面着手，同时还改正缺点并配合流行。既然“人们厌倦”现有的产品，他想在“生产的陶器本身，以及釉料、颜色和形式上尝试更具体的改变”。

威基伍德不断实验形式和流行的演变，其动机来自于解决缺点以及营销策略的科学性好奇心。英国皇家学会（Royal Society）为表扬威基伍德对烧窑材料的具体研究，而将这位科学家选为院士。不过，与利物浦商人托马斯·本特利（Thomas Bentley）在设计、制造并行销瓶、瓮等装饰性陶器的长期合作关系中，威基伍德对宣传重大技术革新一事上很谨慎，这些技术后来成就了现在闻名的新古典设计。新古典主义是当时的流行，所以成功的设计为不少人所接受，但之前的先驱设计并未受到广大消费者的喜爱，而不管宣传与否，在赚得利润之前，必须修改这些产品的某些缺点。

形式的差别包含风格

关于建筑的风格，19 世纪的理论家维欧勒・勒・杜克（Viollet-le-Duc）主张“形式的差别包含风格”，他同时抱怨，动物对风格的表达要比人类强多了。他觉得同时代的人“变得对真实的简单基本概念很陌生，而这概念能引导建筑师赋予设计本身一种风格”，他还发现“定义风格的组成因素是必要的，而这么做，必须小心避免使用模棱两可、炫夸但无意义的语句，重复深奥的概念。而许多人坦承无法理解此句话”。除此之外，他辩称只有例证才能使理论明确化：“概念如果要沟通，必须要表达得明白易懂且具体。如果我们希望他人了解形式的风格，就必须以最简单的方式来思考。”

维欧勒以原始艺术之一的铜器制造为例（见图 9–2），讨论一位细心避免失误的工匠，如何只用铁砧和锤子造出早期的铜瓶：

> 他关心的第一件事是造个平平的圆底，让装满东西的瓶子能稳稳地立着。为防止东西在移动时外溅，于是收缩上方开口，然后在边缘处突然伸展开来，以方便倾倒。这个瓶子依据传统制造方法完成，是最自然的形状。为了能方便地举起瓶子，工人用铆钉装上把手，但由于空瓶子必须翻转过来晾干，所以把手不得高于瓶子上缘。

图 9-2　维欧勒利用铜瓶设计说明他对风格的看法。由左至右："最自然的形状"，瓶子翻转阴干时不可能造成把手弯曲；底部更圆，"以新奇造型吸引顾客"；更圆的造型，使用时容易弄弯把手，出自一位"点子多变而新奇"、寻求更大新奇感的设计师之手。

依据维欧勒的看法，这种方法制成的铜瓶别具风格，但是，他暗示铜匠一开始就以理性计划来制造瓶子，这是完全不可能的事。再者，这位理论家从功能的角度来说明形式，在部分细节上仍有争议性。比方说，将把手稍稍凸出瓶顶似乎比较有道理，这样可以帮助空气进入翻转过来的瓶子里，加快晾干的速度，不过或许要增加把手的厚度以防止弯曲。事实上，在维欧勒研究的形式演进中，这个花瓶实际上位于中间阶段，不过他仍继续说明形式的改变如何由开始的立意良善，然后越演变越差：

> 但是意在超越前辈们的铜匠本身，很快就放弃真实和正当的大道。接着第二个铜匠出现了，他建议修正铜瓶最初的形状，以新奇的造型吸引顾客，于是他多敲了几下锤子把瓶身弄圆，而在这之前，瓶身一直被认为是完美无缺的。这的确是个新式样，不久就成为流行，仿佛镇上每个人都得买一个才行。第三个铜匠看到这个方法奏效，更进一步为愿意买的人制造外形更圆的瓶子。因为已经失

去原有设计的原则，他的点子也就多变而新奇；他粘上改良过的把手，并宣称这是最新流行的款式。第三种瓶子在翻转阴干时，颇有弄弯把手之虞，但每个人都大加赞赏，而第三个铜匠更被认为已将制造铜器的艺术发挥得淋漓尽致。事实上，他剥夺了原始作品的风格，制成的产品则非常丑恶且相当不方便。

由于不同的批评家和设计师会看到不同的缺点，并想出不一样的解决之道，故我们可以进一步详加讨论维欧勒论证的个别看法。这就是为什么参与改革行列的人很少只有三个，尤其在有人想出一种“镇上每个人都要买”的流行新事物时更不可能。打个比方来说，某些人可能喜欢第三种铜瓶的样式，而第四个铜匠可以将把手的厚度增加，使与其他两种一致，这样就可轻易地改良易弯曲的缺点。第四个铜匠也可能以为自己修改了某些缺点，但实际上是设计出更差的式样，必须由第五个铜匠来改良新缺点。也许第六个铜匠觉得从美学观点来看，加强后的把手太厚了，又将它改得轻巧些。虽然这些改变对维欧勒或其他人来说，可能显得太低级了，不过每种样式可能都曾在各地消费者间大为流行，且是当时竞相模仿的对象。品味没有争论的余地，但 20 世纪新一代的设计师则任品味自我证明。

工业设计的兴起

一直到经济大萧条时期，工业设计才成为明确、公开的营销工具，而不再是一个没有名字、难以形容的一般商业单位，至少在美国是这个样子。雷蒙德・洛伊（Raymond Loewy）自称是这个行业的创始人，他于 1919 年抵达纽约，当时是个身着法国陆军上尉制服的年轻人。20 年代时，他主要以替流行杂志以及萨克斯（Saks）第五大道百货公司等高消费百货商店画插图为生，因而有机缘和许多世故老练的纽约人认识。

1927年，洛伊为第34街的萨克斯百货公司做广告时，受该公司的总裁贺瑞斯·萨克斯（Horace Saks）之邀，到正在筹划的分店所在地访问。洛伊表示他对百货公司的看法，以现在的用词就是“整合制度”（integrated system）：招聘公司职员必须依其“仪表和礼节”，其穿着必须讲究但样式简单。电梯服务员必须“得体、客气、整洁”，同时着制服；不管消费者愿不愿意，在出入高峰时期都会和电梯服务员变得“非常亲密”。百货公司的包装纸、盒子、袋子和其他小东西的设计必须抢眼、吸引人，同时新公司的开业应有统一的广告宣传活动。这种制度自然为萨克斯百货公司带来很大的成功，对洛伊本人亦然。虽然大萧条时期的社会环境没有多少机会让他发展特长，但他并不满足于流行插画这项工作。洛伊不仅是位社会观察家，同时也是商品观察家；早在大萧条之前，他对所见的事物就有很多不满意之处。

市面上有许多功能相似的消费品，这些产品面对竞争的最大缺点似乎是未能凸显自己。由于这些产品在操作功能在很难达到与其他产品相区别的效果，所以就在样式上下功夫。结果，不同品牌的烤面包机就出现了不同的造型。但是，这不一定会对消费者造成刺激，因为没有人会买一台以上的烤面包机。相反的，每个制造商都铆足劲吸引想要购买新烤面包机的顾客。但根据洛伊的看法，某些事情出了差错，“产品外观简陋、造型笨拙以及……设计粗俗，让人感到失望、讶异”。他发现“品质与丑恶相结合”，“这种不神圣的关联”令他惊奇：

偶尔，产品本身的设计会比较具有一致性。但后来，产品会因一大堆应用“艺术”而被破坏无遗：杂乱的线条、仿制品和印花体式样，使产品变得异常廉价。这些产品以前被称为草饼。（现在我们称这种产品为“感伤的音乐”[schmaltz] 或是菠菜 [spinach]。)更甚者，这些做法平常价格却昂贵：这些装饰不能同时在制造过程中产生，必须另外利用绘画、木刻、打模、滑入、推出、隆起、烤、喷、卷或是印刷等方法完成。这些都是不必要的工作，故消费者多付了许多冤枉钱。我感到非常惊讶。

创造消费需求

令洛伊“感到惊讶的另一件事实，是大部分的优秀工程师、行政天才以及金融巨子们的生活似乎缺乏美学”，他相信自己能“为这个领域增添点东西”。不过，正如意料之中的，他所接触的人都是“粗暴、有敌意且经常生气”，而洛伊的法国腔并没有为他带来多大的帮助。但是，他相信创造消费需求是解决大萧条的方法之一。洛伊只是“少数几个工业设计先驱者中”比较显眼、勇于自我推荐的人之一，这些先驱者“能让一些商业领袖明白，缺乏想象的视野以及畏缩”不利于生意的进行，而且“当我们能让某些有创意的人相信，好看的外表是可卖的商品，因为它能降低价格、增加产品信誉、提高公司利润、惠及消费者并增加就业机会，则成功终将到来”。

西格蒙特·盖斯特纳（Sigmund Gestetner）是最先被说服的人之一，他是位英国制造商，生产办公室复印机，在一次美国之行时认识了洛伊。1929 年时的盖斯特纳的机器看起来像个丑陋的工厂设备，机器的滑轮和传送带暴露在外，四只突出的管状脚提供支撑、稳定之用，除此之外一无可取。根据洛伊的说法，盖斯特纳问他能否改进机器的外观，他的回答是“当然可以”。双方谈妥价格之后，他请人送了 100 磅的黏土到住处，然后着手进行设计。依据洛伊的另一项说明，盖斯特纳的机器重新设计之后的销售成绩并不好，而他之所以能取得这份工作的关键在于画了一张速写，画中的秘书被机器突出的脚绊了一跤，手中的纸张漫天飞。不管这项任务起源为何，洛伊将机器重新设计，消除原来设计的几项缺点：修饰笨拙的线条、遮住丑陋的滑轮和传送带，以及让复印机的脚紧贴着机身，以预防意外事件发生。改变后的新机型于 1929 年底引进市场，而根据洛伊的说法，“在工业设计被当作有意识的行为之前，一般都承认这是美国工业设计的首例”。

盖斯特纳最初可能不愿让完全陌生的人重新设计复印机的外表，他能克服这种保留态度的原因，似乎是洛伊客观地画出了一个明确的缺点——机器突出的脚绊倒秘书。洛伊让盖斯特纳相信，机器本身有缺点待改进，而且毫无迹象显示解决的方法会影响机器质量。他似乎也以类似的方法说服其他制造商，让制造商相信他们也需要一位工业设计顾问。洛伊 30 年代时对潜在客户的典型心理进行了描述：“他卖的器具的制造质量很棒，产品销售得还不错，而他不认为需要外界任何帮助。”洛伊说服这些人的方法是指出他们几乎没发现的制造问题：

> 你目前的式样比其他竞争产品缺少突出的外形特色，加强竞争力的方法之一就是可以利用报纸宣传来创造形象。现在式样的外观缺乏光彩和显著特征，我们觉得应该有一个具有设计想象力且能胜任的外部组织，与您的工程师们密切合作，一定能为您的问题找出有创见的、特殊的答案。

掌握潮流，调整步伐

当然啦，有些问题比较容易想出有创见的、特殊的方法，有些则不然。洛伊承认，难易程度会影响收费标准。重新设计一件大型物品，好比牵引机，收费相当低廉，因为“有太多可以改善之处”；但重新设计缝衣针这一类的东西，索价则相当高。改良的关键在于从现有设计中找出问题并提出解决方法。即使一件进化完善的设计也有缺点，以缝衣针为例，缝的人容易刺到手指，而且针眼小，不易穿线。不过手指可以套上顶针加以保护，穿线则可借助铁丝穿线器的帮忙，如此一来，尖锐的针尖和细小的针眼就一直保留至今，以便有效地执行裁缝的工作。洛伊并未说明他可能创新的缝衣针样式为何，或许是因为没有一位缝衣针制造商愿意花 10 万美金，解决一个裁缝匠早已适应的问题。

裁缝师也希望大头针和缝衣针能以某一特定方式包装，但他们并未强烈表示需要任何改变。不过，像洛伊这样的工业设计师，好像很喜欢重新设计相似的包装，并以新包装方式指出旧包装所存在的问题。比方说，洛伊自传中说到 1940 年为好彩“Lucky Strike”香烟重新设计的包装，书中有设计前后的照片。旧包装以暗绿色为主，熟悉的品牌名称位于前方正中，有关混合烟草烘焙的说明则印在背后。依洛伊的看法，绿色墨水既贵又有轻微的异味，所以他重新设计的包装以白色为底，并将“烤烟型”的标语移至包装侧面，而把“香烟”的字体缩小，因为他假定品牌名称和包装本身就能传达商品的本质。红色的“Lucky Strike”为包装重点，前后两面都印上品牌名，这样一来，丢弃的包装袋随时都能将商标朝上，向过往行人作宣传。

不过，洛伊的野心不只局限在设计小包装。打从孩提时代，他就非常喜爱铁路和火车。他得到一封介绍信而得以和宾州铁路局局长见面，但结果却令他非常失望，由于他缺乏设计火车的经验，会面时只得到一句客气的“我们会打电话通知你”。失望之余，他请求局长：“您现在不能找个设计上的问题给我吗？就今天！”洛伊被问及心中想的是什么时，他的回答是：“火车头”。这年轻设计师的傲慢显然得到一个恶作剧的回答，局长给他一个重新设计宾州火车站垃圾桶的机会。

任何有关铁路的任务都让洛伊欣喜若狂，他仔细研究现有垃圾桶的使用和滥用情形之后，把新设计的点子绘制成图。接下来是把几个制成的样本放在车站试用，不久，他又被叫回局长办公室。洛伊不断地询问："垃圾桶的使用情况如何？"但没有得到任何答复，铁路局长似乎什么都谈，就是对垃圾桶避而不提。最后在数次逼问下，他告诉洛伊："铁路局里从不讨论已解决的问题。"然后他把负责设计火车的人叫进来，展示即将大量生产的实验火车的图片。局长问洛伊："有没有什么不对劲之处？"洛伊当然看到了，他心里想："外观不连接，零件似乎各自独立，外壳只是利用铆钉把一块块钢板拼凑在一起，看起来既笨拙又像未完工。"但由于原设计者在场，他只说"看起来粗壮且强而有力"，并表示可以"再加改善"。后来，洛伊将自己的想法绘成图，并建议以焊接方式取代铆钉，还可以省下好几百万美元的制造成本。如此一来，第一辆流线型火车问世了。不过，洛伊和其他工业设计师偏好将每样东西造成流线型，从烤面机到铅笔刀无一不是，这种趋势提醒了我们，流行要比功能更常决定器具的形式。

第一部重新包装的盖斯特纳复印机上市不到 20 年，工业设计这个新行业就扎下了稳固的根基。洛伊在写到战后经济时声称："从通用汽车到小神通创意公司（Little Lulu Novelty Company），产品若未经设计师的润饰，没有一位制造商会将其推出市场。"不管工业设计师是公司里的职员抑或独立顾问，他们似乎"知道一般大众想要的是什么"。洛伊或许是新生代设计师中最耀眼的一颗星，但是他专注于现有设计问题的做法绝不是独一无二的。

亨利·德瑞福斯（Henry Dreyfuss）于 1929 年在第五街设立工业设计办公室之前，在纽约从事剧场设计。他在事物外观造型上的影响力，从约翰·迪尔（John Deere）牵引机到贝尔电话系统，无一不及，因此赢得相当高的声誉，许多有志成为设计师的人，都会前来征询他的意见。他会以练习的方式代替回答，帮询问者评鉴才能和性向，而问题的重点是从现有的设计中找出问题：

> 逛逛百货公司、仔细检视邮购目录，或只是看看自己家中的物品，然后从中找出十几种你不满意的物品认真研究，尝试重新设计。

工业设计五准则

德瑞福斯假定询问者受过一些艺术、建筑或工程训练，并有一定程度的自信，能接受大师对任何设计构想的客观批评。虽然现有的设计中，外观通常是最明显也最容易被批评的部分，不过德瑞福斯强力主张人性化的考量，他在《人性化设计》(*Designing for People*）一书中，提出要成为好的工业设计作品必备的五点准则。他承认其他设计师主张的不一定和他完全相同，不过德瑞福斯还是相信，他所提的五点是该行业不可或缺的要素。此五点准则为：实用性和安全性、维修、价格、销售力、外观。这些重点由一到五，似乎越来越不关器具之基本功能，不过在考量如何针对现有事物的缺点重新设计时，都可作为判断标准。

工业设计的出现促成人工制品的多产，而这些器具为吸引消费者注意，各自声称自己是“新改良”、“更快”、“更经济”、“更安全”、“更容易清洗”、“最新型”，或任何能表示比以前产品或竞争对手更好的比较级（或最高级）词汇。不过，当新设计和欲取代的产品差异太大时，消费者显然不太愿意接受，因为熟悉的事物改变太大，其执行任务的功能也就可疑了。德瑞福斯以 MAYA（代表 most advanced yet accepteble，即“最先进但可以接受”之意）的缩写，简要说明这种现象。德瑞福斯强调“继续存在形式”（survival form）的重要性，这就是“在全新且可能是重大改变的形式中，存有熟悉的式样”，因此“许多原本会排斥的人做了不寻常的接受”。

工业设计者似乎深谙不管改变的行为多合理，变化千万不要太大、太快。根据约翰·赫斯克特（John Heskett）对工业设计的看法，从业者学到了“在创新增加购买兴趣和保留令人安心、熟悉的要素两者间，寻求微妙的平衡点”。而毫无疑问的，我们周遭许多事物的形状受流行的影响更甚于功能，不管是用于高速公路、工作台还是餐桌。不过，我们如果短视地受限于流行而未能从最宽广的角度审查缺失（包括明天不再流行），则不管是银器或钢桥，即使最新潮的式样也会提早面临灭绝的命运。

第十章　先例的力量

以众多形式解决同一功能

17 世纪晚期的陶器制造业是一个以众多形式解决同一功能问题的有趣例子。不管是基于奇想或是智慧，这时候出现了一种奇特的陶器，称为“谜罐”（puzzle jugs）：它有突出的管子，中空的手把，还有隐藏式的水道，当水罐被送到嘴边时，能以隐秘且出乎意料的方法运送罐内的液体（见图 10–1）。如果饮用者未弄清罐子的使用方法，谜罐就像恶作剧者的滴杯一般。这种陶器艺术的成就绝不亚于声名远扬的威基伍德家族所制造的成品，而且，根据 19 世纪一位威基伍德的传记作者的说法，谜罐的基本难题或问题是在不溅出罐内的液体的情况下，人们很难喝到罐内的东西，故有设计许多不同造型的理由：

> “谜罐”成为许多人下注的对象，而大多数的酒馆发现，保留一或多个不同形式的罐子供访客参观使用，对经营颇有助益。罐子把手通常在靠近底部附近弯出，然后往“腹部”上升一些距离后以一般形式向外弯，连接顶部边缘。把手和边缘都是中空，有开口通向底部的罐子内部，沿着顶部边缘更粘上一些小小的饮用嘴管，依陶艺家的奇想而有不同配置。只有利用手指将嘴管小心盖住，留下

图 10-1　威基伍德家族在 17 世纪晚期制造的“谜罐”(如本图所示)，故意设计成让人搞不清使用方法，从而供酒店下赌之用。饮者会打赌自己能喝下罐内的酒而不溅出一滴，但是他必须遮住正确的管子和出口，否则罐子会像个滴杯一样滴个不停。假如谜罐只以一种形式存在，这种赌注的活动可能就不会这么盛行。

一个管口，同时用嘴巴吸，这样才能喝到罐内的酒。不过，把手下有个小洞，如果不小心紧紧盖住，通常酒会由小孔流出来，害得饮者狼狈不堪，还输了赌注。

这些罐子本身通常刻有嘲笑饮者的箴言和诗歌，比方说，其中一个这么刻着：

我源自大地，
由人类制成罐子，
如今装满立于此，
您有能耐请来喝。

另一个写道：

> 来吧！绅士们，试试您的能耐，
>
> 如果愿意，我将下个注，您不可能喝光所有的酒却一点不溅出来。

还有一个则是这么说的：

> 绅士们，现在试试您的技术，
>
> 若您愿意，我以 6 便士下注您喝不到半口，酒就会先溅出。

嘲笑诗的多样性显示，不同的文学表述可以解决相同的言语问题：轻轻松松向罐子使用者挑战。语言能传达单一想法，也暗示不同种类的形式可以达成相同的功能。事实上，罐子本身的多样性远超过谜罐上面刻的诗歌。除了那些管子四处乱突的罐子外，有些罐子从中间刺穿，有些还有从把手通到罐底的内管，有些是双层罐壁中还包含漏斗形的孔（infundibular core）。这些变化多端的罐子清楚显示，在欺骗饮用者的目的（即单一功能）之下并未产生独特的罐子形式。虽然有人会辩称道，这些恶作剧用的器皿，其功用主要是达到欺骗的目的，但以这么多不同形式来达成这项功用的事实，则强调设计者能做选择以及他们能获得的乐趣。鉴于产品设计的典型问题在生产中通常不会寻求广泛、多样的解决方法，所以在谜罐的发明创造中，必定有诱因鼓励一系列令人迷惑的形式设计，而罐子的设计者显然毫不费力就能想出各式各样令人为难的方法，以达到相同的目的：如何让饮者上当而滴出酒来。

当然啦，并非所有人工制品的设计目的都在戏弄使用者，而使用者对形式的期望，实际上限制了设计者的发挥。19 世纪结束之前，标准的自行车形状（就像现在的摩托车）已大抵定型，而且之后就没有重大改变。在这个世纪交替时期发展的自行车，就其目的而言，功能良好，其历经的修改，一般都是刹车、齿轮和轮胎等机械改良，而不是在车身、车轮、手把及椅座等方面作重大修改。这不是说自行车已经进化到以科技决定形式的地步，而是因为自行车爱好者和自行车设计者长久以来发现，旧式的低压轮胎自行车缺乏速度和效率（同时想出各种骑车位置，从横躺到平伏都有），相反的，我们在被问到自行车最初形状时可能描画出的两轮自行车，就是大家所接受且预期自行车应具备之各项要素的折中产物：比走路快而比跑步轻松，同时是便宜、快速、可信赖又相当舒服的交通工具。

不过，没有任何一件事是完美无缺的，而自行车的缺点之一可说是骑车者必须是力量的来源。对于距离适中、地形尚可的旅途，或者对想利用交通工具或是借交通工具来运动的人而言，这是一件很好的工具。但有些情况下，除了人脚外，还需要其他种类的力源，因此有了设计动力自行车的构想，或者更精确地说，应该是摩托车。虽然摩托车可以被描述为替自行车装上马达，让新发明比旧的交通工具更具优势；但设计新形式只不过是消除现有设计的缺点。

非语言思考

表达问题的方式，例如“替自行车装上马达”（以便更快速、更省力的运送骑车者），能突出地显示解决方法。实际上，由创造性的非语言概念所解决的方法，常是促成发明者在回顾时清楚表达问题，并以需要的语言陈述。创造力经过理性的解释之后，剩下的就是如何将“反对力量”降至最小，并引进比原来问题更方便的工具，以实现解决的方法。

弗格森曾就非语言思考在设计中的角色发表过文章，文中显示19世纪末20世纪初时解决以马达驱动自行车的八种方法，利用驱动装置将马达和车轮连接起来，并把燃料箱和可能是电池的东西也装在自行车上。这些点子可能是发明过程中的灵光一现，不过摩托车的可能样式，和这些零件的组合方式密切相关。假设这些设计在技术上都是可行的，则最好的比较方法是将这八种形式的自行车，以每两个一组来比较个别的优缺点，就像是同一硬币的正反两面一样，只有在投掷硬币决定正反面这种意义上，我们才可以说功能决定形式。不过这种赌博的比喻仅到此为止，因为设计者不像赌徒受限于最后一掷，他可以回头选择其中任何一项设计，然后在市场上下注。

在想象得出的摩托车零件组合排列中，有一种方式是将马达远离骑车者，以减少对脚部所造成的干扰。不过若将马达放在自行车后方则会增加车身长度，因而增加成本并改变重心。摩托车的细部形状和任何事先决定的功能并不相同，而是取决于判断哪一项组合更符合需求。最后可能在各种竞赛形式中作出判断决定，比方说油箱的位置，即使按功能重新（改良）设计、装置，被改变的油箱可能还是留在原来的位置。设计评论家赫斯克特曾说过一个惊人的例子：

> 1957年在英国制造的“领导者”摩托车。汽油箱的位置在车身后部，但仍维持传统形式的假油箱。这种方法后来在日本的本田“金翼1000”中重新实施，半开的假油箱可以看到内部各项电子控制。在这两个例子中，尽管油箱的形状在功能上已变成多余，但制造者在面对摩托车传统形象的庞大力量时，仍觉得无法提供给消费者另一种视觉选择。

最近在摩托车设计上的“重大革新”，显示设计问题中的小细节如何影响形式。摩托车构造中强而有力的马达（现在的“引擎”）本身非常庞大，故可以当作车架，直接连接车轮、椅座以及其他配件。这种结构令人想起早期的马达牵引机，其引擎和输送装置也是作为轮轴、方向盘和其他未遮盖重要零件所连接的车架。简单的铁制车座直接安置在输送装置上，驾驶人的双脚停放在小小的马镫状突出物上，给人的感觉好像机器虽然没有马拖曳，但却被套上了鞍，让人像马一样的跨骑。在此之前，有部最早的蒸汽动力牵引机真的套上了一组马匹，不过不是借用马力，而是因为当时尚未有驾驶机器的机械方法。

形式的独特性

洛伊早期的任务之一就是改良国际收获者牵引机（International Harvester），这种机器直到 1940 年时，还是在车轮上装个引擎，而什么保护装置也没有，另外还有个看起来非常像缰绳的驾驶装置。牵引机的椅座很高，得一只脚先上，否则很难爬上去；其楔形铁的车轮若不是将泥巴溅到无掩蔽的驾驶人身上，就是很容易阻塞故障；而三轮车似的车轮排列，让整部机器在回转中容易造成重心不稳。洛伊的改良设计使得牵引机有了四个橡胶胎构成的无轴车轮及挡泥板，同时让人一想起车身就想到流线型的汽车，而非马的形状。洛伊为国际收获者牵引机所做的一切，正是德瑞福斯为迪尔的牵引机所做的，虽然两部牵引机的外形有相似之处，但各有明显的特色。

每件事物在设计形式上都有独特的成分。洛伊形容他的设计师们在设计新型汽车时，习惯四处走动。不同的组别有不同的任务，然后各组先进行概念设计，并依据事先决定好的时间加以分工，这些都在最初设定的期限之前完成。一段时间之后，会有“成堆的草稿”完成，而洛伊则依照下列方式监督整个设计程序：

> 现在开始最重要的筛选过程。从这些草图中，我挑选出较能表现初期目标的；成功希望大的设计图来作细部研究，同时彼此组合或排列。将可能的评鉴草图等相互结合，也是一种先行尝试成功与否的做法。经过筛选之后可以产生一批新的设计，将这些设计详细绘制，然后再经过谨慎分析，摘要缩减成四五个。

最后的设计形式经由制作实物大小的石膏或木头模型继续改进，而即使在这个阶段还是留有相当程度的独特性。“当展示几种模型时，建议将它们漆成相同颜色，以免因个人对颜色的喜好而对主管的选择造成不当影响。”所作的选择不是要和消费者作对，而是要选出最好的设计、最佳的赌注，以便补偿研发上的投入，并且安排另一个完整的展览会，展示新设计如何结合这些修改的部分。当最后批准生产时，设计工作就完成了，接下来由工程和生产部门详细绘图。

设计的细部工作包括：将最后的管理决定转换成精确的图案和说明，以便于进行生产。虽然设计者和工程师能针对设计问题提出众多的解决方法，并能就技术、美学和经济效益上比较各种做法。不过单单一个工程设计很少能决定生产线上制成的成品形式。有时，有些工程师和经理的角色重叠，当事人必须因应时地作不同的考量。

设计成败非定数

洛伊叙述一个专利权诉讼故事，进一步说明设计不是“命中注定”的：他的一位客户控告另一位制造商侵犯设计权。根据洛伊的说法，这是一件“明确的”案件，被告抄袭了一件洛伊设计的产品的外形。被告辩称，设计专利无效，因为“该产品不可能设计成其他形状而仍能发挥功能”。当洛伊被传讯为客户作证时，该案已经拖了好几个星期。接下来交换质询证人时，律师问洛伊，该特殊产品是否能“以其他方式设计，并且仍能保持实际良好的功能”，以及洛伊本人是否能做到。洛伊回答“肯定”，之后被问及能否示范这样的代替性设计，他回答可以画一些草图。根据他当时的说法：“我打开画架，将画版置于上方，开始绘制，简图外形又大又黑，坐在后排的人也看得见。10 分钟后，我画了大约完全不相同的 25 种设计图案，大部分都很吸引人，且全部都很实用。”

某一问题有多种的解决方法，这在设计上是不可避免的。但最后分析阶段所选出的设计，经过某种折中程序，最后同时满足设计者和顾客的要求。有些设计师的社交手腕不及洛伊，所设计的东西也不如火车头显眼，所以这些人习惯于称自己为发明者，而不是设计者。林顿 · 伯奇（Lyndon Burch）发明了断路器、电机开关和防水温度控制器，使得煎锅和咖啡机这一类的电器能放到水中清洗。伯奇是在受聘为新泽西一家制造商的设计工程师时，才首次真正突破，显然这家制造商希望伯奇能解决与该公司生意相关的问题。根据伯奇自己的说法，他思考的基本问题是“形状和式样”（shape and pattern）：

> 我工作的大部分会牵涉到几何——利用简单的几何结构完成一项功能。所以，一开始我心里头会有个几何图形……看过这个图形之后，我会设法找出缺点，通常十之八九我会将它撕成碎片，然后重新开始。不过如果是正确的图形，我总是能感觉出来。

显然伯奇能针对同一问题，提出一个又一个暂时性的解决方法。尽管他撕毁 90% 的解决方法，但这并不意味这些方法不能解决问题，而是因为它们不如伯奇所想，或是达不到他所要的标准。例如，他在

20 世纪 40 年代末期的重要发明之一，是铁制的温度控制器开关。现有的开关原理是圆形的铁盘遇到温度改变时，会啪的一声由一个位置转换到另一个位置。这和铁制噪音制造器对指压的反应，或是最近流行的“柯立卡手镯”咔的一声便可卷在手腕的原理相同。伯奇抛开依照类似设计做变化的念头，想出“小题大做”的方法，将一块平铁片切割成不同形状，使能做螺旋状的推拉运动。因此，同样是对小影响作出大反应，但是新方法达成，这让制造商能制作新的关和温度控制器，并且申请专利，这些产品的功能类似于现在的圆盘开关，但不会侵犯他人的专利。

如何写专利申请

所有的专利都清清楚楚的要求该项设计的所有权，这些权利要求的申请通常是冗长的不完整句，比方说“所要求的是……”“我们要求……”或是“我要求……”等。这些要求出现在专利的最后部分，并提出申请专利之事物的正确内容。根据专利律师普列斯曼的说法，这些要求对大众所说的是：

> 以下为本发明特点的详细说明；如果您制造、使用或出售包含本发明的所有特点，或是其他特点加上本项发明所有特点的任何物品，或是其他非常符合本说明的行为，您将负侵犯专利权的法律责任。

对于想自己动手写专利申请的发明家，普列斯曼的建议是，不仅要以不完整句教导阅读者该权利要求的内容，同时根据“要求权写作的其他技巧”，任何可能的情况都要使用“实际上”、“关于”或是“大约”

这类空虚含糊的词句做详细说明，比方说范围，“以避免将要求权限定在特定的范围”。普列斯曼同时解释，“多数专利律师建议权利要求声明不要写得太短”的原因是：

> 太短的权利要求声明，不管包含的内容多寡，审查委员会都会加以反对。所以，许多专利律师喜欢将短的声明拉长，加上“因此”词句，写个长长的序言，或是在中间子句加上长长的功用说明等。其技巧是将声明拉长但避免不当的冗长。

专利权的法律含义对技术性写作的影响可能是负面的，不过这并不是什么新现象。莱特兄弟在 1906 年的一项专利权申请中，通过律师为他们的飞行器列举了 18 项权利要求。第一项所描述的是我们现在所称的双翼飞机的一翼，它当时的称呼成为后来整部机器的名字：

> 在飞行器中，正常平坦的机翼（aeroplane）具有边缘部分，能做一般机翼本身上下之不同位置的移动，而每一个移动都和横向航线的轴有关，因此上述的边缘部分可以移动，而和机翼本身构成不同角度，提供大气层不同的入射角，以及让上述边缘部分如实际所述移动的方法。

这项声明中澄清的少数事项之一，就是莱特对飞行器的早期概念中的机翼是“平坦的”。当然，莱特兄弟和其他人最后发现，弧形机翼能提供更多的扬力，因而使得双翼飞机的双层机翼变成累赘，同时也让原指机翼“aeroplane”一词（在美国为 airplane）变得不适当。秘密轰炸机（Stealth bomber）虽称不上是一个“机翼”，却是真正的全翼，而空中表演时可以看到的新奇机械，其中一些只保留残存的机翼。就其权利要求声明中的含混不清而言，莱特兄弟和其他发明者一样，只是企图排斥他人在飞行器上所作的必然改良和替换设计；正如莱特兄弟发现并清楚表达机翼及其他组成部分的缺点，而排除这些缺点促成第一次的载人飞行。这些组成部分在当时可能被视为无价、独特的，但是在最后分析阶段的表现则不如他们所夸耀的，同时这些组成也绝对没有单一的形式。

莱特兄弟虽然因其非凡的成就而为后人景仰，不过其第一个成功的飞行装置事实上是为比赛而设计的。而这些也不比竞争对手获克瑞姆奖（Kremer Prize）的轻薄“兀鹰号”更容易为人们所记住。这些设计内容从“达·芬奇的鸟型加上拍打翅膀的飞机，到两人乘坐、脚力推动的机器”都有，不过没有一个能成功飞行一英里长的 8 字形跑道（很难想象多数［如果有的话］未成功的飞机在得奖后，还会继续发展）。不管是否和科技有关，在一项著名的成就出现之前，通常只有目标，但没有真正的标准用以判断竞赛的设计是否达成目标。不过一旦目标达成之后，已完成的形式或公式就成为以后竞赛的判断标准。因此，手工器具常在专利权申请时模糊又狭窄的限制中演变也就不足为奇。

就像表演竞赛一样，设计竞赛让形式的独特性明显化，不过我们留意的时间通常很短暂。当一群设计者决定于 1851 年在伦敦举办第一届万国博览会时，便宣布公开征求一件临时建筑物的设计图，以便在海德公园容纳预计有 16 英亩大的国际展览会场。结果，总共收到 254 件不同的设计作品，但是建筑委员会评判没有任何一件合适，于是想出 1 件不实际的大杂烩作品，而该公司公布时却受到了大众的嘲笑。身为温室园丁兼设计师的约瑟夫·帕克斯顿（Joseph Paxton）趁机将自己的改良设计提呈给委员会，同时泄露给《伦敦新闻画报》，最后该设计被采用，而有着高度成就的水晶宫则成为数十年来万国博览会展览建筑的典范。

博览会闭幕之际，举行了另一项比赛，征求重新使用水晶宫的铸铁和玻璃的方案，其中一位参赛者建议建造一座1000英尺高的水晶塔。所以同样的组成部分构成高而狭长的形状，就像构成短而矮胖的形状一样容易，好像小孩的组合玩具可以变成桥梁或起重机。参与20世纪摩天大楼设计比赛的作品更是反复证明，针对设计的功能所提出的形式不止一种。芝加哥的论坛报大厦（Tribune Tower）就是设计比赛的成果，参与该项竞赛的作品，从巨大古典圆柱状的古怪摩天大楼，到造型严肃的哥特式塔。最近一部追溯芝加哥新中央图书馆设计比赛历史的电视纪录片显示，参赛者提供的解决方案各式各样，而影响最后决定的，是美学、象征主义和政治等因素的考虑，使得功能要素遭人遗忘。

错误示范：悉尼歌剧院

悉尼歌剧院是大型设计比赛计划出错的典型个案。兴建于悉尼港的表演艺术大楼的设计甄选比赛，共有223件作品参赛，比赛结果由丹麦建筑师约恩·乌松（Jφrn Utzon）手画的草图夺魁。他的设计图令人想起巨大帆船架的组合，相当吸引人，但设计时并未考虑任何工程因素，使得该设计难以落实。即使悉尼歌剧院在1973年落成时，一般人认为它是建筑和工程的杰作，不过开幕时间比预计时间晚了9年，而预算更超出原先的1400%！由于建筑师对独特形式的着迷，使得建造过程中需要许多疯狂（ad-hoc）的工程决定，而甚少考虑到维护工作，致使上百个的修护计划延缓，加上歌剧院出现愈来愈多的漏水现象，致使澳大利亚政府在1989年宣布一项价值7500万美元的10年修护计划。该剧院外形虽仍是悉尼市最引人注目、最容易辨认的视觉影像，不过其功能还有待改善加强。很不幸的，人们对歌剧院缺点的反应不及以往对摩托车、牵引机或甚至银器来得快。

有一类建筑，建筑物的形式是随着工程作调整，而不是主导工程，不过某一规定功能并不会只产生单一的形式。大型桥梁大概是最单纯的工程结构，而其形式通常正是其机械原则的代言。世界上最美的桥梁中，有些是从设计比赛中脱颖而出的，这种竞赛在欧洲比比皆是。竞赛不仅鼓励了具开拓精神的工程师，如罗伯特·马拉尔（Robert Maillart）和尤金·弗雷西斯尼特（Eugéne Freyssinet）等，同时也提供他们以新的水泥桥建筑技巧发展的新形式的机会。他们留下的遗产不是冲突，而是技术与自然相互调合的景致。

大卫·比林顿（David Billington）曾就美学和桥梁工程写过深具见解的文章，他认为设计比赛能为一般大众和身负设计之责的社会单位，提供良性交互作用的机会，而这种交互作用能促成更好的城市建设。实际上，根据比林顿的看法，大众参与设计过程能带来广泛的效益：

> 针对一件设计案判断好坏是相当容易的事，但是将几件为同一地点所细心思考的设计图，就构思、细节、费用和外形等要素做排名，并提出合理理由来，完全是另外一回事。这种活动给予裁判团的考验就像参赛者所面临的一样，同时强迫裁判以清楚易懂的言语，向社会大众解说桥梁设计的各项特色。

不管是桥梁、摩天大楼或其他建筑结构或是机器，最初对功能的详细说明，通常会决定问题类型并限制解决的方法。但正如任何比赛参赛者的多样性所显示的，设计问题的公式化绝不会决定解决的方法。对于桥梁横跨海峡或峡谷的要求，历史上已有各种符合要求的设计，从拱形到悬吊结构都有。拱桥和吊桥可说是结构分类的两个极端，前者使用压缩，后者利用张力。哪一种形式会受到设计师的青睐，取决于设计师对建材（比方说锻铁对铸铁或是钢对水泥）及营造技巧（如由上往下或是由下往上建造）的偏爱。政治限制对形式选择也有影响，如 19 世纪时，英国对高桅杆水上交通工具的高度要求，就限制了拱形桥的发展；20世纪时，新墨西哥偏爱平坦的高原，而不让高塔耸立于稜堡之上。虽然我们可以说，对材质、结构、美学的考虑，和交通限制具有同样的机能性，不过前者可以集体完成或是以折中的方式来达成，但这种普遍性正是反对功能决定形式的另一项论点。

设计比赛不管是经由严格公开的评定，还是在负责设计师的办公室里私下进行，产生的形式都要比规定的功能多。对所有相关人员而言，早期概念设计阶段的自由可能很有趣，不过在最后要真正区别成功和失败，则是在形式和细节中作严肃的筛选。

第十一章　先关再开

1795 年有一项悬赏 12000 法郎的奖金，征求食物保存的方法。但经过长达 14 年的时间，一直没有人获得。最后，一位叫作尼古拉·阿贝特（Nicolas Appert）的巴黎人获得这项奖金。他将煮过的水果、蔬菜和肉放在瓶里，然后将瓶子放进滚烫的开水一段时间以消灭细菌；以前食物无法保存的原因正是细菌作祟。阿贝特在 1810 年的学术专著《保存的艺术》（*L'Art de Conserver*）中公开他的保存方法，该书很快就被译成好几种语言，其中也包括英文。

虽然瓶子很紧密，但容易破，在运送食物到士兵们置身的战场，或是穿越探险队行经的崎岖地形，这更是一项很明显的缺点。1810 年一位伦敦商人彼得·杜兰（Peter Durand）利用锡罐来保存食物才消除了瓶子易破的缺点。丹肯豪公司（Donkin and Hall）在伦敦建立了一家食物保存厂，而这种新的镀锡锻铁罐就成为英国陆军和皇家海军远离家乡时，提供保存家庭式食物的最佳方法。很不幸的是，早期的努力方向显然太着重于保存食物而不被破坏的目标（或功用），所以几乎没想到如何将食物自罐中取出。

很明显，发明者面对的最迫切的复杂问题是保存食物，而保存食物使其能被自由取用（并且离开铁匠铺），则显然是罐头的最终功能。但由于保存的目标完全左右早期罐头的发展，据说士兵们得用小刀、军刀，甚至来复枪来打开配给的食物罐头，而半个世纪后，美国内战的军人们还是采用同样的方法。如果丹肯豪公司想要将产品扩大销售给更多的客户，就必须面对如何文明开取罐头这个问题。但直到 1824 年，英国探险家威廉 · 帕雷（William Edward Parry）率领的北极探险队所携带的烤牛肉罐头上，还写有一段开罐提示："用凿子和锤子沿罐顶周围敲开。"

虽然铁罐具有这些缺点，但英国商店在 1830 年以前就开始将罐头食品卖给一般大众，而于 19 世纪 20 年代初期在美国建立第一家罐头工厂的英人威廉 · 昂德伍德（William Underwood），建议大家使用家中任何可以取得的工具，以各种方法打开罐头，他这项建议无异说明了当时使用罐头食品的情形。虽然大家都需要特殊的工具来打开罐头，但经过相当长的一段时间，专用的工具仍然没有出现。同时，早期以重铁制成的罐头本身，"有些时候要比罐内装的食物还重"。比方说，帕雷北极探险队所带的牛肉罐头，单是空罐就超过一磅重，其罐壁厚达 0.2 英寸。不过，距此不久后就出现替代凿子和锤子的工具，而"第一个开罐器可能是精细复杂的机械装置，店主会先打开罐头再让客人带走"。

早期的罐头在保存食物上的确是一大成功，但是开启不易这令人尚可忍受的缺点，显然直接影响成品的重量，以及造成食用困难。让店主当场打开罐头，代表罐内的食物必须尽快食用，这就消除了可将食物保存在食品室、可随时食用的优点。对于一个神奇的产品而言，这项缺点促使某些发明家专注于研究让罐头变轻、变薄、容易包装的方法，而其他发明家则钻研发明开罐头的特殊工具。19 世纪 50 年代晚期以较坚固的钢来代替铁所制成的罐头，的确比较薄，但是钢的弹性更大，使得这种较轻的材料必须利用金属环来加强硬度及连接罐顶和底部，而早期罐头只是将顶和底折叠到坚硬的罐壁（现在许多的钢罐都在纸标签下制成波状以增强薄罐壁的硬度，并进而防止处理过程造成凹陷）。

专利开罐器问世

1858年时，康涅狄格州的艾兹拉·华纳（Ezra Warner）取得了一项划时代的开罐器专利权。就像一位研究日常事物起源的学生所形容的，这个开罐器看起来“一半像刺刀，一半像镰刀”，大而弯曲的刀片则必须沿着罐头周围用力切开（见图11-1）。华纳的做法与以前及后来的发明家一样，他将自己发明的产品和更原始的形态比较，同时暗示性的指出缺点和明显的不足：

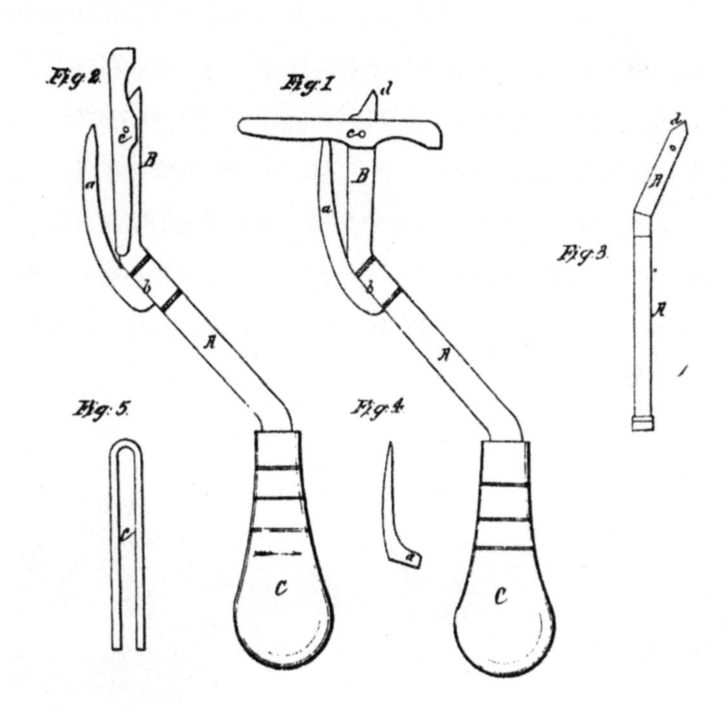

图11-1　华纳于1858年取得专利权的开罐器，解决了早期在打开罐头时因用尖锐物敲击罐顶打洞，而使得罐内液体四溅的缺点。华纳发明的开罐器不用敲击法打穿罐顶，而是压住d点，同时c点的安全装置能预防打的洞太深。一旦在罐头顶部打了洞，安全装置就会旋转开，好让刀叶沿着罐顶周围打开。

> 就本项目的而言，我发明的产品相对于其他工具的优点在于切割平顺、迅速、简易，即使小孩使用也没有困难或危险；同时弯曲的切割器可以移动，所以万一刀片损坏，可以拿另一片替换，故能节省不少费用；开罐器能将罐头打洞，但不会像其他敲击法弄得罐内的液体四处飞溅。

这种开罐器在内战期间虽有少许用途，但是军人和家庭主妇长久以来已习惯于以更熟悉的方法开取罐头，所以并不需要使用特殊化的开罐器。直到1885年时，英国陆海军消费合作社印制的维多利亚工具商品目录上，似乎才开始提供第一个开罐器。该消费合作社1907年的目录则提供了好几种开罐头用的“刀”，其中一种叫作“牛头”（见图11-2）。有些人认为“牛头”开罐器是第一个普遍化的家用开罐器，其红色手柄在前端铸成牛头形状，而另一端似是牛尾优雅地绕成一圈，形成一双手柄。“牛头”上的一颗螺丝固定一片L型的刀片，构成牛的下

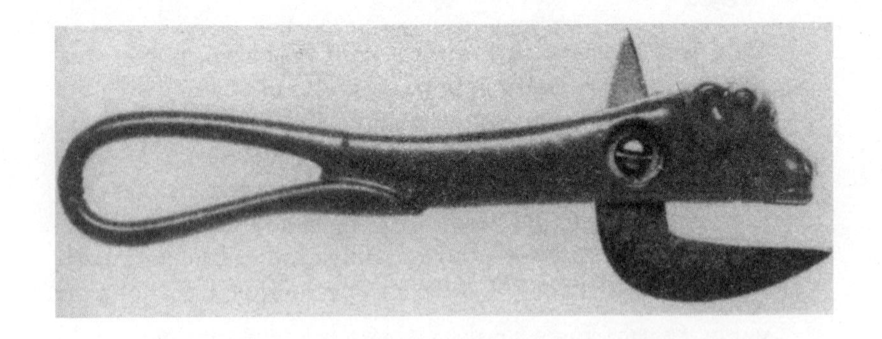

图11-2 “牛头”开罐器由铸铁构成，其头部形状是此工具的命名由来，手柄则承继牛的形状。L型刀片固定在一颗螺丝上，短而锐利的一端可以刺穿罐头，不会造成开取的困难，长的一端的操作方式也类似。由于罐头顶越变越薄且容易刺穿，一片刀叶就能完成两种功能。

颚并为开罐器的切割边，其利用的楔子和杠杆原理则和其他类型的开罐器一样。刀片的另一端自牛肩甲突出，毫无疑问，这是为了便于先在罐顶打孔而不致弄弯或弄断刀片较长的切割边。

不管开罐器是不是铸成强而有力的动物形状，任何使用过旧式开罐器的人都深知其缺点。这种开罐器的移动是跳动而不是连续性的，打开罐头后留下来的锯齿边缘，更是容易造成手指割伤。很明显的，第一有轮子而能连续、平滑打开罐头的开罐器，是在 1870 年由美国康涅狄格州的威廉·李曼（William Lyman）发明的。他发明的开罐器的一端可用来刺穿罐顶中心以作为轴心，供开罐器的手把拉切割轮。这种开罐器必须依罐头的大小作调整，而能不能有效率地操作则要看钻孔器是否能正中红心。

1925 年时，一个针对李曼的开罐器改良成功从而诞生了我们较熟悉的轮子开罐器，并取得专利权。这种开罐器能夹住并沿着罐头边缘旋转。这项改良方法是使用锯齿状的轮子来减少滑动。西尔斯（Sears）公司 1928 年至 1929 年的目录中提供了一种叫作“简易的”现代开罐器，它有个锯齿状的抓轮和一个切割用的轮子，能沿着边缘切开“整个罐头顶部”，包括金属环在内。当然啦，现在的开罐器五花八门，包括电动开罐器在内，但是每一种产品各有其缺点和不便之处，或是小麻烦。先压手柄再扭转手腕的开罐器用在大型罐头上很麻烦，若驱动的轮子打滑没能抓住罐头时，会让人异常沮丧；相对的，电动开罐器则是笨重难清洗的装置。罐头的引进迄今几乎两个世纪了，但开罐器尚有许多改良的空间，可以让所谓的下游工业进驻发展，因此发明家可能继续申请新开罐器的专利权。同时，愈来愈多的罐头采用拉取式的罐头顶部，因而赋予“开取”一词以新义，所以发明更好的开罐器这个问题更有讨论的余地。

调和保存和取用

调和保存和取用这两个经常冲突的目标并不是新的问题，很久以前，许多热带岛民因口渴想喝椰子汁时，就曾经历过打不开天然椰子包装的挫折，而解决取用包装容器内的食物似乎是消费者的事，而不是包装者的事。或许葡萄酒瓶是最具文化背景的人工饮料容器，与葡萄酒瓶相关的重要传统，使得瓶子在形式或颜色的轻微变化就代表不同种类的葡萄酒。我们可以简单地辩护说，现在某些葡萄酒瓶的形状一开始就是依照其功能发展的，但是这种逻辑的成立条件有限。比方说香槟酒瓶厚重、平底以及固定草形木塞的厚瓶嘴等特色，都适合高压包装的香槟，同时又能减少破裂、爆炸、木塞自打开的可能性或使用拔塞钻的需要，不过这些特色全出现在香槟酒瓶上的可能性不大。比较可能的情况是，最初用来装香槟的传统酒瓶在储存时会出现破裂、爆炸或是木塞太早或随便打开的情况，而这些特色就是一个一个进化改良而来的。

葡萄酒以不同形状的瓶子储存，比方说莱因葡萄酒和勃艮第（Burgundy）葡萄酒，是因为瓶子制造过程中偶然发生的区域性变化和革命性改变，而不是细长瓶颈或是矮胖瓶颈等任何事先规定、细微的功能优点。虽然我们可以就一种瓶颈比起其他种类的瓶颈在倒酒时更能减少沉淀物这个优点进行辩论，但倒红葡萄酒时产生沉淀物的这项缺点，很可能是一个有发明动机的人所无法接受的困扰，而决定采取行动改进。因此，将容易产生沉淀物的红葡萄酒装在瓶颈能留住沉淀物的瓶子，这项功能上的修正可能是许多从早期容器出的酒被破坏了所产生的结果，而不是葡萄酒商预期计划的结果。相反的，将没有沉淀物的白葡萄酒装在阶梯形状的酒瓶中，使得酒瓶必须倒立才能倒光瓶内的酒，将细长瓶颈的酒瓶倒光是一幅多么优雅的画面啊！

最近，政府和思科（Cisco）加强葡萄酒的制造商之间的一次争议，让我们了解到酒瓶形状的重要性。这种加强葡萄酒所使用的瓶子和一种葡萄酒清凉饮料的瓶子很像，但是前者的酒精浓度为20%，后者只有4%。由于包装相似，商店将思科葡萄酒和葡萄清凉饮料摆在一起，而这种酒力更强的饮料据说和十几岁青少年的饮酒过量及暴力事件有关，这些年轻人称这种新饮料为“液体古柯碱”（liquid crack）。为避免造成加强葡萄酒和酒精浓度较低的清凉饮料间的混淆，该制造商宣布将重新设计思科葡萄酒的瓶子，使其“更成熟、更男性化，和市面上任何葡萄酒清凉饮料的瓶子形状不同”。

即使是葡萄酒瓶的颜色也可以归因于传统演变，而不是任何工厂依据瓶子功能所作的决定。绿色和棕色酒瓶的演进，可能是因为人们发现阳光会破坏透明玻璃瓶内的葡萄酒，而不是因为事先预期这种缺点而发明的。提出这个论证的用意，不是说形式上的改变一定在察觉缺点之后，因为苏特恩白葡萄酒（Sauternes）虽然也受到阳光的影响，却一直是用透明的玻璃瓶包装。

不可抗拒的传统

不管葡萄酒瓶的形状和颜色怎样，都得密封才能保存瓶内的酒，而木塞就是天然的密封装置。虽然木塞能有效地帮助酒瓶保存葡萄酒，但是当人们要打开酒瓶饮用时，它就成了令人讨厌的东西。葡萄酒不仅会因木塞发霉、破碎或打不开而被破坏、污染或是喝不到，即使是不加压瓶子这种最容易打开的木塞，也要借助辅助工具才能打开。加压包装的香槟酒无疑是草形木塞的灵感来源，一定是因为许多人使用拔塞钻，而使大拇指被火箭般乱射的木塞打到，之后才出现这种木塞。就像开罐器一样，现有的拔塞钻和相关工具的缺点促成许多新改良产品的出现。其中有些非常简单，但即使是最可信赖的产品，遇到坏木塞时也是英雄无用武之地。有些葡萄酒制造商会轻声地抱怨，在塑料时代里，木塞是一种不必要的花费和风险，而玻璃瓶本身则更是既笨重而又昂贵的不必要容器，但是“传统”仍具有很强的强制力，尤其在葡萄酒业更是如此，所以只有最便宜的葡萄酒，才会装在有螺旋盖的瓶子或有便利饮水口的纸盒中出售。

啤酒的包装当然也有其传统和成见。而且和葡萄酒的传统一样的神圣不可侵犯，只是打开酒瓶盖和拔取木塞的动作不同。不过。宛若饮水思源似的，金属瓶盖在不久前还插入木塞片，当瓶盖绕着瓶嘴边缘收缩成皱折时，木塞会紧贴着瓶嘴。这样简单的动作很容易机械化，但是要打开盖子饮用瓶内的啤酒可就需要独特的技术了。当我手边有瓶啤酒却没开罐器时，我能了解没有特殊的工具要打开瓶盖有多困难，而在发明瓶盖之前并没有这种工具存在。我从来不曾因为太渴或是很有胆识而用牙齿咬开瓶盖，不过我总能从门闩或抽屉把手上的各种钩子和裂缝找到替代的开罐器。利用指甲锉刀或是叉子的尖齿将瓶盖四周的皱褶弄松，直到可以拇指推开，这也不失为有效的方法，虽然挺花时间的。这些紧急应变措施的共通点，是根据杠杆的机械原理，实际上所有的开罐器一直都是应用这个原理。

就像开罐器和罐头的发展之间有一段距离，同样的，特殊的开瓶器也是在瓶盖问世后才出现的。一如罐头的发展过程，大家显然对封瓶盖要比打开瓶盖更重视。例如，在 20 世纪初开瓶器的专利权出现之前，已有许多瓶盖和封瓶盖机的专利权，而在 20 世纪的前 10 年中，有关封瓶盖装置的专利远超过开瓶装置的专利，两者约为 10 比 1。很显然的。瓶子包装者的迫切目标是将饮料新鲜、完整的运送到消费者手中，但是消费者如何打开啤酒瓶，应该也是设计和商业上的考量。

需要特殊开瓶器才能打开瓶子这种不方便，正是促成现在啤酒瓶上大家熟悉的螺旋盖的原因。这再一次说明传统和成见可以影响新形式是否被人接受，即使是明显的科技进步或功用上的优点亦是如此。使用开瓶器的缺点之一，是啤酒公司通常须免费提供，就像买香烟送火柴一样，以免消费者在饮用时遇到困难。如果能免去开瓶器的需要，啤酒的售价就能降低，这是个明显的优点。对于销售量大的低价位啤酒而言，可以省下相当可观的成本，所以这些品牌最可能率先采用这种新技术。于是人们就把低质量的啤酒和扭开的盖子联想在一起，而使得高品质的或进口的啤酒多少有意回避这种新技术。

塑料汽水瓶

软性饮料的瓶装方式一直和啤酒非常相似，而且固定的开瓶器通常放在贩卖饮料的冰箱或机器旁。因为软性饮料不像啤酒，通常会当场饮用，所以固定的开瓶器不会带来太大的不便。不过，瓶子的另一项缺点——收集和重新装瓶所需的后勤工作和成本，一直影响着饮料容器的改革。如果希望能重复使用瓶子，那么就得让瓶子够牢固，不只能容纳瓶内的液体，还得经得起重复处理、搬运，以及工人和机器清洗。由于玻璃瓶受到缺口、割痕和刮伤的影响就像玻璃一样，所以早期的玻璃瓶必须做得特别厚重。比方说，1922 年蒙哥马利（Montgomery）销售供家庭使用容量为 24 盎司的瓶子，每个几乎 2 磅重。

如果消费者愿意接受并付费的话，那么从啤酒和饮料公司的观点来看，像罐头一样可以自由处理的瓶子会是个更好的解决方法。没有消费者或商人愿意腾出空间来收集空瓶子，而新方法还具备运输和卫生上的优点。魏斯发明的塑料汽水瓶，就是解决软性饮料使用玻璃瓶的缺点的好方法。这种螺旋盖塑料瓶的特点，显然是针对皱折瓶盖的不便之处改良发展的，亦即解决使用开瓶器的不便，减轻公司和商店间来回运送的重量，以及减少和破裂、细菌有关的各类问题。很不幸的，新技术并不是完全无缺点的。塑料瓶因为较轻，所以可以制成比一般传统瓶子更大的容量，进而维持低单价。但大型瓶子很难倒，而且塑料瓶内的汽水还没倒光，气就跑光了。不过，目前塑料瓶最重要的一个缺点，就是如何处理用过的瓶子，这也是每一种使用这类容器或包装的缺点。

一次性的瓶子已发展成另一种替代玻璃啤酒瓶或汽水瓶的方法，但最初时饮料罐和装食物的镀锡铁罐并没有多大差别。尤其是二者都是由三片镀锡的钢片构成的：一块长方形的钢片弯成中空的圆柱体，边缘再焊接两块圆形的钢片作为顶和底部。这种饮料罐当然需要开罐器，不过，由于罐内装的是液体，所以只需要一个够大的孔可以倒出水即可。事实上，任何人若想要用牛头开罐器沿着啤酒罐边缘一路抖动的打开，一定会把罐内的啤酒弄得四处飞散，更别提锯齿状的边缘有割伤嘴唇的危险。因此，一种叫作教堂钥匙的特殊饮料开罐器随之发展而成，它能以最小的抖动穿透加压包装的罐头，同时留下一个楔形的开口。在理想的情况下，一个扇形的开口（换句话就是延伸到罐头顶部中心），只要一个动作就能打开罐头，而长长的开口使得液体流出时也能让空气进入罐内。不过，由于早期的啤酒罐顶部是相当厚重的钢，所以开罐器所运用的机械原理，对开罐器的形状有着相当重要的影响，其影响就是开瓶器打开的楔形切口应该更小，同时靠近罐头边缘。

从钥匙到拉环

钥匙型开罐器是一种简易杠杆，其支点钩在罐头上缘下方。手柄由罐头向外延伸作为杠杆的一个力臂，尖锐的切割边则延伸过罐头顶部成为另一个力臂。就像所有的杠杆一样，手柄的长度能增加末端的施力效果，但若支点到切割边的距离增加，穿透的力量也会跟着减少。因此，为了不让钥匙开罐器太长（成本和材料用量成比例），同时又要能穿透罐头顶而不会变形，折中的开罐器就是紧靠罐头边缘切开一个相当小的洞。从这么一个小洞喝啤酒，只比用吸管喝来得好一些，而把啤酒倒出来则速度缓慢，会咕咕作响。所以，习惯上会在这个小孔的另一侧打个通气孔。家庭主妇习惯在罐头顶部打两个洞，这是因为浓缩牛奶一直都用罐头包装，得用旧式开罐器的尖端在罐头顶部凿两个洞。

特殊化的镀锡铁罐头是取代饮料钢罐之替代品的前身。沙丁鱼由于要整条供应，但是用叉子刺或是碰到罐子的锯齿边缘时，很容易碎成薄片剥落，所以一直是食物包装和开封上的一个问题。因为沙丁鱼很脆弱，所以要把它装在可以平放的罐头里。其次，由于传统的开罐器会在打开罐头之前就把罐内的鱼剁碎，所以在罐头底部接了一把特殊的钥匙，只要将钥匙往回卷，就能利落、完整地打开罐头顶部，而将罐内包装紧密的沙丁鱼原封不动的呈现。举例来说，现在德国银匠威尔肯斯（Wilkens）出售的特殊沙丁鱼叉，叉齿特别宽，能提供更多的支撑，而且所有叉齿顶端还用银棒连接，这样就不会把鱼叉成薄片了。

沙丁鱼罐的概念，长久以来一直应用在咖啡罐、花生罐和网球罐等各式各样的器具上。但这些罐头底部不再焊接钥匙，而是在顶部固定一个拉环，拉环的周围会刻划痕迹，此为裂缝的设计，由于拉环会往内弯以增加硬度，避免在开瓶的过程中造成弯曲或连罐壁一起撕开。有了开口裂痕和强化边缘硬度的合理设计，不需要分离式的开罐器就能依事先决定的方法将罐头顶部打开，同时不会留下粗糙的边缘，以防刮破罐内的食物或取用的手。

有些消费者似乎要比一般人更能接受罐头的使用。有个电视广告中，一个块头高大粗壮的男人拿啤酒罐敲自己的前额，每次看到这个广告我都会感觉头痛。虽然我知道现在的啤酒罐相当薄弱，压挤罐头就像用手敲头一样，并不会造成伤害，不过我对罐头的幼年记忆远远深刻于我拥有的任何成年时所获得的理解，所以目前我尚无法鼓足勇气拿罐头撞击自己的前额。

我们对于物体如何反应的许多感觉都是在小时候形成的，因为童年时间多、禁忌少，可以仔细观察并实验出现在周遭的事物。我自己对于饮料罐很硬的感觉，大概是在 7 岁左右建立的。当时电视尚未占据孩子的午后时光，我和朋友们常从身边可得的事物中寻找娱乐，所以在街上找到一个空罐头就能让我们忙到吃晚餐为止。我们之中任何人发现空罐头，一定会从侧面重踩，直到罐头顶和底部沿着鞋子弯曲，像旧式溜冰鞋一样紧紧夹住。当我们沿着水泥人行道走动时，弄出的声响整条街都听得到。大家找到其他空罐头，会将它们踏成更多的罐头鞋套，然后又弄出好长一段时间的嘈杂响声，同时比赛谁把罐头当鞋子穿的时间最久。

把罐头踏成适合的鞋套可不是件容易的事，因为它对于一个 7 岁小孩的脚而言似乎特别硬，而不小心踏到不听话的边缘而没踏中罐侧，脚可能要痛上好几天。同时，一旦罐头顶部和底部开始沿着脚弯曲，这时必须小心地踏，以免套得太紧。穿硬底的鞋来踏铁罐的效果最好，不过我们通常都穿帆布运动鞋，这使得我们的脚如果穿上那嘈杂的玩具鞋套，特别容易遭到厚重铁罐的报复。

孩童时有过这种经验，我在长大成人之后对饮料罐一直没多大兴趣。当然我还是会买六罐装的啤酒，不过罐头本身绝非我的注意力所在。我认为罐头就是罐头，除非制成小孩穿的鞋；只是我们不再是小孩子了，而我在大学的伙伴们也没有人开过拿罐头敲自己前额这种玩笑，如果我们被问及这种举动会发生什么事，我们的答复大概介于大而深的伤口和前脑叶切合术两者之间。

如同电视广告所展示的，啤酒罐的演进已经超越上一代人对它的了解。就在我和朋友们步入中年的同时究竟发生了什么事，使得 20 世纪 50 年代会割伤前额的工具变成 90 年代不堪一击的玩意儿？饮料罐的故事一如所有的技术改变，包含技术层面和社会因素两者相当程度的交互作用，不只是经济和环保而已。

50 年代晚期，我听到有关饮料罐的一些微词。事实上，饮料罐很方便，但除此之外，并无特别之处，话虽这么说，可能还是有些关于垃圾问题的言论存在。除了外形较高外，啤酒罐和我们熟悉的食品罐头并无不同之处，只不过是用钥匙型开瓶器打开，而非开罐器。不过，就在消费者畅饮之际，酿酒业对于制造罐头的镀锡铁皮成本日渐增加甚为关切。恺撒铝业（Kaiser Aluminum）在 50 年代初期展开研发工作，并于 1958 年生产出轻便、经济的铝罐。同一时期，库尔斯公司（Adolph Coors Company）和比阿特丽丝食品公司（Beatrice Foods）也联合发展研发计划，1959 年初第一批库尔斯啤酒，就是装在酿酒商自制的 7 盎司可回收铝罐中出售的。

新罐头具有革命性的原因不仅在其使用的材料，同时也包含制造技术。相当笨重的旧式镀锡罐头由三片钢片组成，而铝罐则是先将一块圆形金属压成像鲔鱼罐的杯子，再延伸做成罐底较高的边。当罐头包装之后，以皱褶的方式加上顶部（见图 11－3）。现在的铝罐也使用同样的制

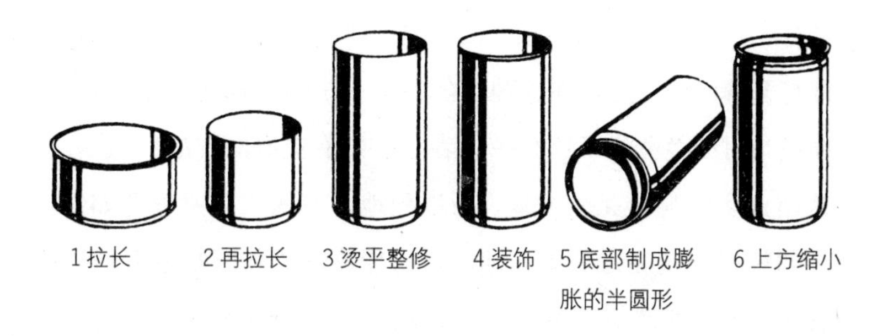

图 11-3　无接缝饮料铝罐的制造过程可分为几个步骤：①将平坦的圆形金属捶打成鲔鱼罐头形状；②四周拉高；③压成最后的高度；④印上广告图案；⑤罐底制成膨胀的半圆形以抵抗罐内的压力；⑥上方缩小做成颈部，准备在包装后加上罐顶打折用。

造程序，只是最近 10 年来又融入了许多改良方法，尤其在减少金属使用量方面。早年 1 磅铝金属制成的铝罐不到 20 个，现在等量的金属几乎可以制成 30 个罐子，而罐壁的厚度不及 0.005 英寸，大约和杂志封面的厚面相同。

罐壁能制成这么薄的原因在于罐内的液体受压之故，就好像松软的气球吹胀后会变硬一样，饮料罐内的碳酸作用也会使罐头变硬。只是原本平平的罐底也会像气球一样鼓起来，使得罐子在储存架或厨房桌子上滚来滚去，所以铝制的底部必须是往内弯的碟状。因为圆凸面能抗压，罐底就像拱形水坝一样抵挡身后液体的压力，作用和香槟酒瓶撑起来的底部一样。相对的，罐头顶部不能做成这样的碟形，因此必须比容器的其他部分来得厚。为节省罐头顶部使用的金属，铝罐的上方制成直径较小的阶梯状罐颈：顶部减少 1/4 英寸的直径可以省下所需金属的 20%。

易拉罐

最初的铝罐虽然要比钢罐容易打开，但还是需要分离式的开罐器，这成为一个明显的缺点，尤其在家庭野餐时有很多啤酒却没有钥匙开罐器的场合。1959 年时，俄亥俄州的艾玛・弗兰兹（Ermal Fraze）用汽车保险杠打开啤酒时，正是在这种场合。此一方法产生的泡沫显然比饮料多，据说当时弗兰兹说了这么一句话：“一定有更好的方法！”次夜，他由于饮用太多的咖啡无法入睡，所以到地下室的工作室思考如何将开罐头用的杠杆固定在罐头上。他原本希望这项工作很快就会使自己疲惫而有睡意，但根据弗兰兹自己的说法：“我彻夜未眠，而灵感也出现了……就是那样。我知道该怎么做才有商业利益。”弗兰兹所以能作这样的判断，因为他是达顿可靠工具制造公司（Dayton Reliable Tool and Manufacturing Company）的老板，在金属的制作和刻痕上有相当多的经验，这对发展易拉罐而言是很重要的技术。弗兰兹于 1963 年取得易拉罐的专利权。他后来声明:“易拉罐不是我个人发明的；自 1800 年以来，大家就不断地研究这个问题，我所做的只是找出将拉环粘上罐头顶部的方法。”

最后是将一个充作杠杆的拉环固定在事先刻划好的开盖带上，利用杠杆作用就能使拉环打开密封的罐子，然后拉一下拉环，将相连的金属片拉离罐头顶部，就好像我们把杂志内附赠的折价券撕下一样。由于杠杆作用和刻划痕迹，罐头先在开口上方打开，进一步拉开的动作使铁片沿着刻划的痕迹撕开。留下来的开口从罐子边缘延伸到（或超过）罐子中心，这样在饮用或倾倒饮料而打斜罐子时，空气能由开口进入罐内，让饮料轻松、没有咕咕声的流出。早期易拉罐的效果不错，不仅免去使用钥匙型开罐器的麻烦，同时也将在顶部打两个不同三角形切口的开罐动作，减少为一个拉的轻松动作。

不过，要在罐头顶部刻划开盖带以方便打开，同时又要能坚固地抵抗罐内的压力，需要相当复杂的金属合成技术。有些早期的拉环因为消费者先敲了开盖带造成小孔，使罐内碳酸件的压力冲出而断裂，所以弗兰兹和其他发明家想出方法，将嘶嘶外泄的气体导离拉环。20 世纪 60 年代期间，拉环的改良取得无数专利（见图 11-4），但是新的环保问题也随之而来。

到了 70 年代中期，完全拉离罐头的拉环逐渐受到环保人士的攻击，且理由充分。我记得那段时间里，每当我在交通标志前停车时，总会试着数数散落在路旁的拉环，而我从来没在信号灯改变之前数完。这种锐利的垃圾在野餐区和海边特别多，由于小小的拉环很容易躲过清洁人员使用的耙子的尖齿或是海边巨浪，所以很难清理干净（根据《纽约时报》的报道，一位年轻的男孩企图列入吉尼斯世界纪录而收集了 27000 个拉环）。动物和鱼常会误吞拉环，更别提小孩了；而许多在海边游泳

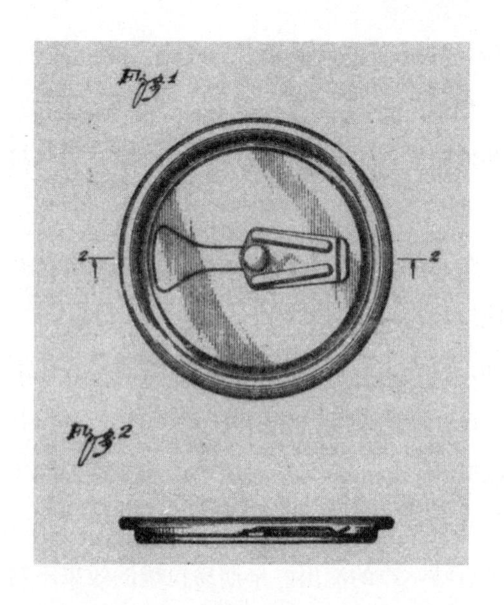

图 11-4　20 世纪 60 年代初，弗兰兹申请自动打开罐头及其制作有关的专利。这其中要克服的困难很多，因为要让罐头容易开启，同时又要防止拉环松掉或是罐头太早打开，实在是件棘手的事。他在 1963 年时取得本图“有开盖带的开罐器”的设计奖。

的人也常被拉环割伤脚。有些道德感强的人不会随意丢弃拉环，而是打开后放进饮料罐内，结果有些人因为将拉环连同饮料喝下，不得不进手术室。总之，对于拉环未能符合大家预期功能的关切之声日增，这也导致另一波不可拆卸拉环的易拉罐的专利申请。

饮料罐的环保目标

解决这些四处散落的拉环的绝妙好计有几个，而库尔斯公司再度捷足先登。该公司发明了两段式的开罐法，亦即先按一个突出的金属按钮以打开压力阀，然后将第二个较大的按钮压进瓶内形成饮用嘴（见图 11-5）。不过，这种两段式的开罐法并未受到欢迎，缺点包括需要相当

图 11-5 当分离式拉环的罐顶被视为重大的垃圾问题，又会危及安全时，罐头制造商就开始找寻替代的方法。开发啤酒铝罐的库尔斯公司想出“环保包装”的点子。六瓶啤酒用胶水粘在一起出售，这样就不需使用其他包装，而罐子的打开方法是先将小按钮往下压以打开压力阀，然后将较大的按钮压进瓶内以形成饮用口。这种不方便的设计很快就促成现在大家熟悉的罐头顶部。

用力才能打开罐子，以免必须将按钮推过锐利的洞口。这对发明家而言则是继续研究的方向，他们兴高采烈地将现有解决方法的缺失之处融入自己的专利申请之中，提出饮料罐的“环保目标”。70 年代中期核准的专利权，数目之多令人震惊，但是其中许多只是将大家熟悉的易拉罐改成不完全拉离而已。

1975 年，俄亥俄州的奥玛·布朗（Omar Brown）取得一项专利，不过他将专利权让予弗兰兹，使弗兰兹的名字似乎真的成为易拉罐专利权的同义词。布朗取得专利的产品是个“开盖带不分离的罐头”。在一段说明该项发明的某些背景的叙述中，申请人提到一个有关将开盖带简易折过罐头顶部的恼人问题：

> 由于大部分的人直接由罐子饮用，所以使用者的鼻子很可能碰到未完全撕开的开盖带。如果开盖带的边缘很锐利，鼻子很可能被割伤。另一方面，如果锐利的边缘卷在开口周围，还可能会割伤舌头。

布朗的解决方法包括让饮用口往内凹，使嘴唇碰不到锐利的边缘，同时让打开的开盖带远离饮用者的鼻子而平贴着罐头。另一个俄亥俄州的发明家弗朗西斯·史佛（Francis Silver，史佛也将此专利权让给了弗兰兹）则是将开盖带卷在罐顶拉环之间以保护饮用饮料的人。但这些方法，没有一个令人完全满意，因为各有明显的缺点，这些缺点不只是让尖锐、难以处理的金属卷曲在打开的罐头上方。现在几乎所有啤酒罐都使用的不分离式开盖带大约在 1980 年出现，此为库尔斯按钮式易拉罐的变形。由于开盖带被推入，但仍连着饮料罐上方，所以垃圾问题和吞下拉环或被尖锐金属割伤鼻子等问题就被解决了。

在有关拉环的环保和其他更严重问题明显化之前。软性饮料也开始以铝罐包装。钢罐对软性饮料而言，一直都不是令人满意的包装，因为必须使用钥匙型开罐器才能饮用，而喝汽水的人并没有这种习惯。当拉环取代开罐器时，原为啤酒而发明的铝罐也同样为软性饮料所采纳。1965 年时，皇冠可乐（Royal Crown，现在缩写为 RC）率先使用轻便的铝罐包装，而可口可乐和百事可乐也于 1967 年跟进。事实上，因为新包装没有底部或是边缝，更适于做详细的广告，所以铝罐就被征召加入热烈的可乐战。这种轻型铝罐包装的优点还包括运费成本低、精简、储存安全，并且不需要处理空罐子。

不过，铝罐只能使用一次的特性开始成为其不利条件。70年代早期，美国以一年300亿罐的速度消耗啤酒和饮料，因而有超过半数的州议员考虑立法禁止使用铝罐。当时还大量使用的镀锡钢罐至少会在垃圾堆里腐锈，但是愈来愈受欢迎的易开铝罐却不能自然腐蚀。就像库尔斯一开始就察觉到的，回收铝罐不仅是环保责任，而且对新科技的长远前途也很重要。

回收再利用

当环保人士和立法者对铝罐的处理问题愈来愈关切时，饮料界也开始记录回收资料。到了1975年时，每4个铝罐就有1个被回收，而到了1990年，回收率已超过60%。铝业联盟（Aluminum Association）、罐头制造协会（Can Manufacturers Institute）和废物回收工业协会（Institute of Scrap Recycling Industries）三者的联合目标，是在1995年前将再利用率提高到75%。回收铝罐不仅具有环保意义，同时也是不错的行业。回收铝罐对全面性的铝金属供应的补充非常重要，而现在收集的下游工业效率很高，使用过的铝罐最短6个星期就可以重新用在新铝罐中。

美国当地制造的啤酒罐和饮料罐，到1990年时有97%是铝罐。相反的，大约95%（每年约300亿罐）的食品罐头还是装在镀锡的钢罐中，因为经济实用的铝容器在无碳酸作用产生的压力状态下，不能维持其形状。不过，未来我们可以看到更多的食品铝罐；食品业正在研究强化铝罐的技术，其中包括将氮气注入食品罐内增加压加，以及将罐壁制成波浪以防止凹陷。

为克服钢罐的缺点，钢罐业目前正着手从事自身的研发计划。经济因素一直对饮料钢罐不利，部分原因是饮料钢罐的顶部必须加上铝制罐顶以方便开启。即使钢可以利用磁性回收再使用，但是铝制的罐顶将使回收工件复杂化。如果新的镀锡钢制拉环可以做得和铝制拉环一样容易开启，而且打开的饮用口边缘也一样平滑，那么上述的缺点就能解决。钢罐回收协会（Steel Can Recycling Institute）于 1988 年成立，目的在于促进镀锡钢罐的回收，该协会希望回收食品罐头能保护它的赞助工业。钢罐制造商的另一个变通之道是发展适用于微波炉的塑料罐头。

虽然最近数十年来生产并消费的铝罐数目大约有 10 兆之多，而即使没有数千也有好几百个改良的产品取得专利权，但是形式不见得已达完美境界。最新式易拉罐开口大都是椭圆形的，而且并未完全延伸到边缘或是拉环所在的中心。因此，不管是倒饮料或是就着罐子喝都很需要技术：整瓶满满的饮料如果拿得太斜，空气不易进入；而快喝光的饮料罐则必须是完全倒过来才能喝到最后一滴饮料，所以完全喝光几乎是不可能的事。不过，我们很容易适应新的技术。我们依照倾斜瓶子的方法来处理饮料罐，但是易拉罐不像瓶子有细长的颈子供我们充分运用，如果我们不够用心的话，连着易拉罐的拉环真的会碰到鼻子。虽然拉环不再有割伤鼻子之虞，但却限制了容器的倾斜角度，所以我们必须改变脖子的角度来弥补不足。

发明家的兴趣可不会受限于人体构造上的不便。饮料罐的功能缺点中，我们最熟悉的就是罐内的饮料如果没立即喝完，而罐子却并不能再密封。装咖啡、花生，甚至网球的罐子都会有个塑胶盖子，可以用来重新密封打开的容器，但是饮料罐一般都没有这种装置。虽然贩卖啤酒、软性饮料的商人，乃至于消费者，可能不会视之为特别的不足，不过这个不足可是吸引不少发明家埋首研究，其中之一就有科罗拉多州的罗伯特·威尔斯（Robert Wells），他在 1987 年取得一项重新密封自开启罐头的美国专利。他在讲述发明背景时，对于现有的饮料罐的缺点作了以下的概要说明：

> 对于使用螺旋盖的瓶子而言，将容器重新密封是相当容易的事，但对于典型的饮料罐而言则不然。传统易拉罐的开盖带在开罐过程中，通常会变形而且（或者）被压入罐内，因此无法用来重新密封。克服此问题一般使用的权宜措施是使用分离式的木塞，它可当作附件购买，目的在于暂时塞住罐头的开口。而这些木塞相当小，容易被误放或遗忘，在想要用来密封打开的饮料罐时经常找不到。再者，不同制造商使用不同结构的易拉罐开盖带，所以消费者很难找到一个适用于各种饮料罐的辅助木塞。

消费者与发明家的差异

正如大部分关于令人迷惑的易拉罐（或再密封）计划一样，威尔斯的专利申请书也相当长，包括 15 条声明和 47 张图表，用来说明他构想中的装置，可以旋转成不同位置以塞住罐头上方的开口。对于 12 盎司的饮料容器而言，他的想法似乎太复杂而无法落实，但即使威尔斯的理性分析显示有这项改进的必要，重新密封的装置也不可能成为易拉罐的一项标准。毫无疑问的，我们之中许多人都有过打开的啤酒或汽水没气的经验，但我们宁愿加快饮用的速度，甚至于将没气的饮料丢掉，也不愿和重新密封的技术性装置打交道。一般来说，对于不完善的人工制品，人类似乎愿意且能够修正其使用方法，而不是将之复杂化；相对的，发明家专注于改正缺点，而似乎愿意将之复杂化，至少在最初尝试阶段是如此。如果这些复杂的方法被采纳，接下来就会成为消费者在使用上以及其他发明家将之简化的重大课题。

易拉罐的另一个缺点是拉环和罐头连得太紧密。对于手指患有关节炎的人而言，想要把手指伸到旋转装置之下以便拉起拉环、打开饮料罐，实在是很困难的事。为了不把指甲弄破，饮用者可能会拿出圆珠笔或铅笔来，将之挤入罐子的杠杆之下，把拉环拉高到手指抓得到的位置。所以，罗伯特·狄马斯（Robert DeMars）和斯宾塞·麦凯（Spencer Mackay）这两位加州发明家觉察到这项缺点，就一点也不令人惊讶。1990 年时，两人同获饮料罐开启和关紧装置的专利权。他们首先证明这项装置能将打开的饮料罐重新封闭，防止罐内的饮料走气。狄马斯和麦凯承认有重新密封的发明，但他们也指出这种装置“还未得到市场的重大回响”。他们继续解释以支持自己发明的装置：

> 一般认为，市场反响不大的原因在于，这种装置操作复杂且本身价格昂贵，因此将明显增加消费者购买饮料的费用。同时，操作这种装置多少有些复杂，老年人或是罹患关节炎或其他疾病的人，有时可能很难操作。

这项新装置的改良部分，主要是罐顶伸出的一个小小的丘状物，或者是“凸轮”。打开罐子时，拉环会旋转到这个丘状物上，使一端抬高。这个动作不仅将拉环的另一端推进刻划好的罐头开口，进而打开压力阀形成开口，同时将拉环的位置提高到罐子上方，如此一来，即使是最僵硬、最短、最粗的手指也能握住拉环，完成开瓶的步骤。要密封开启的饮料罐时，只要将拉环露出来的一端的保护层撕下来，露出内侧的黏剂，将之旋转到正确的位置，然后用丘状物的作用包住开口。这个程序在专利申请书中用了五幅图案说明，故可能和其他重新密封的装置一样复杂。不过若将这方面的考量置之一旁，那么对手痛的人来说，饮料罐有个类似“凸轮”的装置可真是一大福音。

毋庸置疑的，独立的发明家们将就目前开罐装置上的缺点，继续寻找改良的巧妙方法，不过对制作并装填的罐头公司而言，他们的首要目标还是以最有效、最具竞争力的方法保存罐内的饮料和食物。最近，有关钢相对于铝在材料来源、结构、印刷上的利弊得失的技术问题，有主导影响饮料罐最终形式之设计和使用决策的趋势，同时对顾客所要的方便性和使用性的考虑，也有被公司忽略的现象。

由于消费者对现行的易拉罐较容易适应，所以通常没有立即开发或引进新改良产品的商业需要，但若这些改良能增加某一品牌的饮料在广告或营销上的优势，倒是值得考虑。另一方面，引进一项新产品也会有竞争上的风险，一般大众可能觉得新产品在形式或功能上的改变太大而不愿使用。不过，如果能将环保人士或消费者关心的事转换成某种缺点，如同抛弃式拉环一样，那么制造商就有明显的动机考虑产品和容器的最终使用形式，以及当前目标：公司保存并分送给最后消费和处理的消费者。对消费者而言，制造商所关心的事虽然有时候显得不可思议或自私，不过事实上他们害怕遭到失败（不管是产品功能或是公司财务）的压力，绝不亚于来自产品形式本身需要改良的设计、协同设计或重新设计过程中所受到的各方面的驱动力。

第十二章　小改变赚大钱

远在2300年前，就有人编辑了一系列的机械问题和解答。虽然古典学派的学者经常将这份资料的编辑，归功于逍遥学派而非亚里士多德本人，但是《物理学》(*Mechanica*)一书通常是由这位著名哲学家的短篇组合而成，而学术界却甚少注意。书中的35个问题显示出大众对工程学问题的浓厚兴趣，这种现象在古希腊相当流行，就像任何文明都希望在成就、舒适、方便、信赖和制度中运作一样。事实上，《物理学》一书开宗明义地指出，亚里士多德时代和现代的工程学概念并没有什么重大差异。虽然亚氏在序言一开始就承认“不平凡的事物顺应自然而生，其原因不详”。不过他随即表示“有些不平凡事物的发生违反自然法则，这是为谋求人类福利而经由技术产生的”。亚里士多德提到的技术就是现在所说的工程学，根据英国土木工程师协会1828年宪章中的正式定义，工程学包括军事以外的所有技术：

> 土木工程是一种为谋求人类便利使用，而支配自然界重大力量资源……的艺术。

这个定义很明显回应了《物理学》一书的概念，同时也强调了一项事实：不管工程学以前的名称为何，一直都是所有文明恒久追求的目标。实际上，最近美国土木工程师学会采用的官方定义，也再次重申了这项目标：

> 土木工程是一种运用判断力，加上由学习、经验和练习所得到的数学和物理学方面的知识，为谋求人类福祉不断进步，而发展经济、使用自然界物质和力量的方法，以创造、改善、保护居住环境；提供社区生活、工业和交通的设备，并提供结构予人类使用的职业。

虽然该学会可能因试图以此定义涵盖所有层面而遭非难，不过其建立在亚氏使用技术“谋求人类福利”之理念的本质则不容置疑。同时，即使在工业革命动荡的余波中，工程学这项职业已经分化为不同专业，但是使用自然资源并探讨物理现象以达到文明的信念，不管是否为人完全了解，仍是所有工程学的首要目标，不会因为是土木、电子、电机，或其他社会工程学等名字的不同而有差异。不过，不管工程学的资格为何，从古至今都会加入经济考量，这对人工制品的形式有重大的影响。《物理学》一书提及的问题中的第 25 题和物体设计时的形式考量有关：

> 为什么床的长度要做成宽的两倍，亦即前者为 2 米或稍多，而后者为 1 米？为什么绳子不以对角线的方式捆绑？

问题前半部的回答是“大概这是适合一般人体的尺寸”。如果不合适，单人床的比例自然会改良成令人满意的标准尺寸。不过，该问题的后半部分确实指出了形式演进过程中更有趣而微妙的一面。亚里士多德的回答如下：

> 床绳由一边绑到另一边，而不对角线捆绑，可以减少木材承受

的拉力，因为木材沿着纹路劈开时最容易裂开，而以对角线拉时，木材承受的拉力最大。再者，由于绳子必须承载重量，所以交叉捆绑的绳子所承受的压力要比对角线绑法小，同时也比较节省绳子。

这个回答中有关木材和绳子承受拉力的部分，实际上只是结论，因为亚氏并未加以详细说明。这和当代对于力在不同角度的分析理解看法一致，而这项理解仍有待更合适的说明。不过，就像历史上的案例一样，即使没有科学解释，技术和工程学还是能够进步，而且经常如此。人类当然不需要任何制造床的理论，才能发明木架钻洞穿线以支撑床垫。3000 年前的荷马（Homer）就知道这个观念了，因为在《奥德赛》（*The Odyssey*）中，奥德修斯描述了当他回到多疑的珀涅罗珀（Penelope）身边时，他如何利用橄榄树的枝干做成新娘床，以及如何凿洞穿皮绳。这张床之所以独特，在于其固定在橄榄树的树根上，同时对这对苦命鸳鸯具有情感上的重大意义。对他们而言，这张床是神圣不可侵的，而知道它的来源正是奥德修斯身份的证明。

经济原则的重要性

由传统技工而非古代超级英雄所制造的更传统的床铺，形式就不会如此一成不变了。一般床铺的价格、舒适度、可靠性及维修等都可能轻易主导床铺的改革：如果木材或绳子太松弛或断裂，改良的方法是将之拉紧或造得厚重些。用绳子捆绑制床的方法可能是由于提高制造效率的问题演变而来的，因为工人们特别针对造成床铺常送来修补，或促成顾客购买别家不需修补的床的原因加以改正。不过，不管交叉或对角捆绑绳子的优点为何，《物理学》一书中明确指出的材料和劳力经济原则，在古代和现代都是一样重要的问题。如果床铺的基本形式源于古代的技术传统，正如奥德修斯的橄榄树床生根于土地一样，毫无疑问的，人工制品的制造及维修成本一直都是促成改革的强大因素。

美国的绳床（见图 12-1）迄今仍有人使用，而最近一篇论绳床的文章中也就两种扎绳子的方法加以了讨论。方法之一如亚里士多德所述，将绳子穿过木架上的洞，方法之二则是将绳子绕过木板上的钉子。两种方法都是将绳子横绕过木材纹路以减少裂开的可能。不过，不管使用哪一种方法，绳子都会随着使用时间增加而松弛，所以必须准备特殊的床铺螺旋板以备不时之需。毫无疑问，这使得床绳常常断裂，尤其在我们正准备在舒适坚固的床上好好睡上一觉时。这种情况下，由于木钉床铺的绳子可以很快打结并绕过木钉，而凿孔床铺就永远做不到，所以前者无疑是天赐的好运。

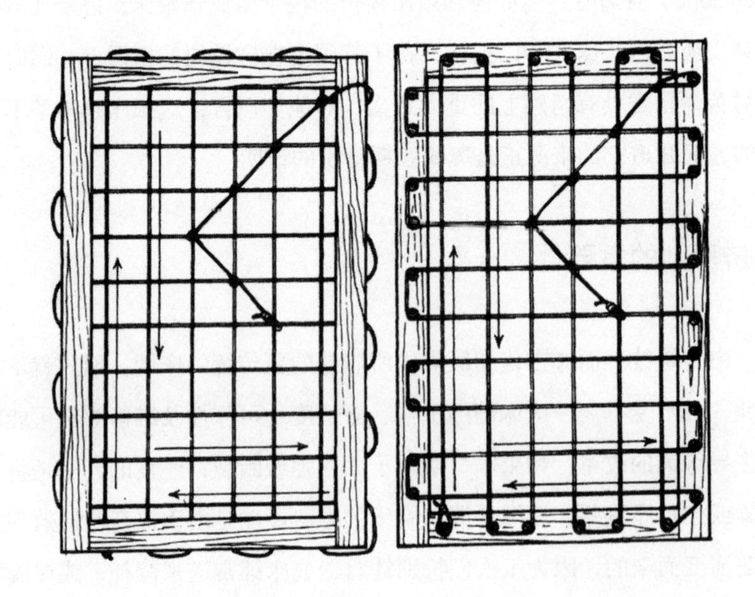

图 12-1　早期美国床常见两种安装绳索的方法：其一是将绳子穿过木架的孔，另一种则是将绳子绕过木架上的钉子。这两种方法的差别不在绳子的用量，而是所需花费的时间。经济和效率问题一直影响工程设计的本质和人工制品的形式。

绳床的扎绳方法由于材料或时间未符合经济原则而有不同的改革方向，这不过再次证明“失败为器具改良的动力”，而促成或阻碍改革的运作力量在最普通的事物上更显而易见。因此，金属饮料罐由钢罐改为铝罐，主要取决于工厂的经济状况，亦即那些每天生产超过 100 万个饮料瓶的工厂，每减少 1 个罐子 0.001 英寸的厚度时，就能省下不少成本。

大量生产的物品由于制造材料改变或生产方式不同而出现不同的经济状态，导致产品形式在数量或品质上改变，这种例子不在少数。设计和再设计一直都是比较性的活动，所作的选择必定是取此舍彼，而最后确定的标准则往往是与决策的整体标准不符合程度最小者。这种过程在大型的工程结构或系统上较不明显，因为这些工程的改革过程通常在制图版上进行，而且是不对外公开的。例如，在 19 世纪美国各地建筑铁路的工程中，必须就不断改变的地形不停地设计轨道。穿过荒原的路径不仅决定火车爬坡的斜度，同时也决定需要筑桥的河流和山谷的数目，更进而影响铁路改变自然景观的方式。美国铁路不同于大陆铁路之特色，亦即不同的斜度和使用木头而不用铁造桥，这乃是因为铁路工程师不同的哲学观。威灵顿（A. M. Wellington）在其经典著作《铁路位置的艺术》（*Art of Railway Location*）一书中，简洁地道出铁路设置地点的重要性：

> 如果我们不把工程学想成（甚至定义）建筑的艺术或许比较好。就某一层重要的意义而言，工程学应该是不建筑的艺术，或者更简略适当的定义是，工程学的艺术在于如何根据同样的方式，以一块钱做好任何不娴熟者要花两块钱才能做好的工作。

不管是绳子捆扎得较简单的古床、边底整合的饮料罐或是铁路线，节省材料和精力成为不同设计间一个相当客观的比较标准，而且对工程学和所有设计而言，也是一项重要的课题。不过，鉴于未使用的绳长、不需要的金属厚度，或是未建筑的桥梁数目等方面的节约，可能都很容易计算，所以设计师优秀与否不在这些琐事的计算上。相反，一项优秀设计的经济观念不仅要包含资本家的最终利益，更要包含人类的最终福利。

品质 VS. 价格

节约的底线自然是寻求利润和价值两者所关心的问题，不过，利润和价值不能仅以生产或产品的价格衡量。“品质”这个非量词，在许多方面都含有东西越贵，利润可能越高，而且购买越合算的观念。汽车车身使用较厚金属的优点，可以从各种不同角度加以论证，包括抗凹或只是财富的象征。制造商可以利用这些好处作为卖点和高价位的理由，而买方也能轻易找到合理的理由，花较多的钱买一部外貌持久又能象征地位的车子。

即使两种完全相同的产品以不同的价格出售，价格很少是选择的唯一标准。让我们想想超级市场的食品。很明显的，相同商品在不同商店有不同的标价，不过商店甲的所有商品不一定都比商店乙贵。理想的情况下，完全根据价格采购的人，可以比较购物单上每件物品的单价，然后看看哪样东西在哪家买划算，就到哪家买。当超市宣传它的一件商品价格，比其他超市同样商品更便宜时，正是利用相反的步骤（先设计价格，再列购物单）。就该件特定的商品而言，广告上的宣传可能属实，不过换成另一张购物单时，情况也许完全相反。像这种仔细比较再采购的方式很耗时，而个别购物者可能得在两家商店间来回走三次才能完成。对于利用时间投资作为竞争宣传噱头的商店经理来说，这种做法很值得，但是对采购者而言又值多少呢？

在实行电脑化标价之前，有时商店货架上同样包装的商品会出现不同的价格，或许是老板忘了更换旧商品的价格标签，或许是商店经理不把新增加的成本，加在以前低价买进的商品上。在其他条件都相同的情况下，只有愚笨的消费者才会不选择价钱便宜的，但是物品完全相同的情况很少有。除了新鲜之外，旧包装可能不及新包装吸引人，同时也可能不如新包装方便。购物者会基于一系列复杂的标准选购新或旧的产品，而且标准绝对因人而异，因为每个人对自己认为重要之因素有不同的优先级。制造商或商品分配者不仅利用这一点，而且为保持自己的竞争力，更是必须这么做。不仅资本主义运用此原则，即使在大排长龙等着购买不知是何种商品的国家里，人们也有选择排哪列队伍的权利。

一般来说，购买食物的动力不过是在人工制品中作选择而已，虽然价格通常是主要的考虑因素，但很少是唯一的因素。我们所要做的只是浏览超市的架子，读读“新改良”产品的说明。不管是要将新品牌的肥皂卖给消费者，或是企图将一项发明推销给专利审查员，两者都必须和以前的产品作比较。一项新产品和旧产品只有价格上的差异，而其他完全一样的情形很少，因为以较低价提供意味着增加新材料或成分，或者是以更有效的方法处理旧产品。生产线加速生产所节省的生产费用，只有在不须为增加的产量宣传促销时，才算是节约成本。有时候某一商品因需求加大而必须增设厂房，同时似乎又不需利用广告促销，但是伴随新厂房出现的，通常（不一定常常）是使用新材料的新（改良）加工过程。有谁记得哪一项大量制造的产品还维持最初成功的特质？后来的产品常将克服以前不足的特色包含在内，或者因为太鲁莽而引进新产品。

发明家可能都希望在不久的将来，工厂会尽力赶上人们对他们新发明的小器具的需求，不过在初期寻求专利权的阶段，他们的想法则集中在与过去的比较上。住在蒙大拿的内森·埃德尔森（Nathan Edelson）

一直从事结合电脑工作站和运动设备的设计工作，在一次到华盛顿专利局确定有关可调或“活动”书桌的背景资料时，他发现有不少前辈和自己有同样的想法，但自己的想法的确有竞争优势：

> 在寻找专利权的过程中。最理想的情况是，希望找到“以前的设计”企图完成的“目标”，和自己的发明相同，但是基于某些原因而无法充分实现。这常常暗示自己的发明在潜在利益上被承认是合法的，不过实现的方法需要重大的改进或重新思考。
>
> 我的活动书桌是个幸运的个案。我的发明的主要“目标”之一，是让使用者能迅速简便地重新设定书桌高度，避免因固定不变的姿势而造成肌肉骨骼的压力。我检视的专利显示，许多发明家已经发明了可调书桌，但是这些发明所运用的运动机械装置的速度慢、操作复杂而且价格昂贵。而我设计的可调书桌则无上述任何缺点。

专利审查员是否认同埃德尔森的看法，觉得他设计的书桌调整装置比现有的专利操作更容易、更迅速，且制作成本更经济，有待专利审核会加以证实。不过，由于埃德尔森认为他的书桌“还提供其他新奇、有用的特色”，所以他抱持着乐观的态度，觉得“取得有价值之新专利的胜算很大”。

申请专利耗时费事

一项专利的潜在价值通常不会超出发明家心中所想的，而成本亦然。除了到专利局或雇用华盛顿当地的专利代理人查询以前的设计档案的费用之外，还有文件整理汇集和其他项目的费用，个人的文件可能要花上 500 美元，如果是大公司，费用甚至大约增至两倍。是否有可调书桌可用，查询专利都是件艰巨的工作，因为一直到 1990 年，新增的改良产品和程序，单在美国就有 500 万件专利权登记。目前虽有将档案电脑化的作业，不过查询的工作还是得在 7 万项主分类、子分类中进行。由于电脑化之故，现在美国的专利信息越来越容易取得，不过在 1990 年年底时，光是一星期后核准的专利就需要两片高密度磁盘才足敷使用。专利局正努力将所有美国专利放进光盘，不过工程进度缓慢，而即使电脑化了，查询专利档案仍是很麻烦的工作，因为一个子分类就可能占了 1000 片高密度磁盘的空间。

如果埃德尔森取得活动书桌的专利，但却无法预防将来有人制造类似的可调书桌时怎么办？促使发明家及公司不辞辛苦地查询专利、费心地提出申请，并经历看似神秘之审核过程的动机，正是提出侵犯起诉的法律权利。虽然有些人经历申请专利权的过程，纯粹是为了体验拥有专利权的成就感，但大多数人则是为了潜在的经济价值而非智力的挑战。举例来说，如果埃德尔森的书桌有朝一日在竞争中选为办公室用书桌，毫无疑问，一定会有一票模仿者以较低的价格提供类似的桌子。他们办得到的原因除了所省下的研发费用外，还可能是当作桌面的木材较薄，表面的保丽板不够厚，或者是桌边的修饰较简单。其他的桌子也许倾斜角度不同，不过看起来可能和埃德尔森的书桌非常相像，因而会瓜分相当大的市场。

同时，埃德尔森可能刚成立一家新工厂，而其生产的东西在销售上会出现困难。他投注相当的心力和时间从事研究，并发明一种既好又坚固的可调书桌问世，也许最初的经营相当艰苦，使得他必须寻求更多的资本周转并进一步修改设计，但最后的结果却是荷包空空。不过，如果他能在法庭上提出其专利内的一项或更多项权利遭到侵犯，那么最起码能取回一些东西弥补付出的精力。反过来说，如果他的竞争对手在制造更便宜的可调书桌的过程中，想出比埃德尔森的书桌功能更强、设计更新的书桌，那么他就会输了这场讼诉，而市场上也有了更新的产品。

专利发明的潜在价值

1990年时，有位发明家罗伯特·科恩斯（Robert Kearns）控告一家汽车制造商而赢得1000万美元的和解费，胜诉的原因是几年前，他曾带着关于雨刷的新设想到该公司展示。这场官司显示专利发明的潜在价值。科恩斯想到在小雨和毛毛细雨时，现有雨刷的效果并不明显，当时他是美国韦恩州立大学的教授。如果驾驶者不想被雨刷每次只刷过几滴雨点所产生的摩擦声和条纹所干扰，就必须不断地开关雨刷。对某些驾驶者而言，最大的困扰是雨刷反复滑动而又停止的动作令人分神，其他人则担心造成雨刷片不必要的磨损，而更多的人则只是接受必须不断摇动雨刷这项事实。

科恩斯不仅注意到现有的雨刷无法在各种形况下有效率地运作，同时还想出了解决的办法。他发明了一种装置，能让雨刷根据不同情况断续滑动，只有在雨滴聚集足够的量时才让雨刷平顺滑动，同时又不会让前面的挡风玻璃上的雨滴太多而影响驾驶员的视线。科恩斯将他的设计装在自己的福特汽车上，然后一路开到位于底特律的福特汽车制造厂，当地的工程师们似乎马上发现这项改良的优点，不断提出问题询问。科恩斯将他们浓厚的兴趣视为福特公司有意购买他的发明，所以他一直期待着自己的发明才能受到赏识。

但是当福特公司将间歇雨刷装在所生产的车子上，却未付分文给科恩斯时，他就向法庭提出了侵犯专利权的控诉。福特公司的答辩词是，这种雨刷的构想出现在科恩斯取得专利权之前，所以并未发生侵权行为。不过，经过多年的讼诉，福特答应付给拥有专利的科恩斯和解费，这项和解费包括除了诉讼费用之外，福特、林肯和水星（Mercury）生产的装有间歇雨刷的2000万辆汽车，每辆抽取33美分的专利权使用费，而另外与19家汽车制造商的官司也增加了科恩斯该项发明所得的利润。

虽然这种较复杂的雨刷没能让汽车售价降低，不过由于解决了原来不停摆动之雨刷的某些缺点，使得汽车的整体运作功能变得更安全、更有效率。下小雨时，驾驶人的视觉和听觉得以获得大幅改善，而就某方面而言，也使汽车本身和交通状况的运作更有效率，同时雨刷本身以及刮片的使用也比以前更经济。

第十三章 “好”胜于“最好”

一如投资者推测石油和其他商品的未来价格，企业家和投机资本主义者，同样会推测新设计的发展。石油价格除了看似简单的供需法则之外，其决定因素还包括文化、政治等；同样的，人们对全新或改良产品的接受与否，绝不只是形式配合功能的好坏程度所决定的。事实上，投资顾问太局限于以技术指标预测未来的市场表现，对设计投资者的帮助并不大。一个又一个的个案研究显示，没有任何一项设计是神圣不可侵犯的，而且形式是随未来趋势而改变的。

我们由铝罐和塑料瓶两个例子清楚得知，受时间影响的不仅是消费产品本身，还包括包装设计。20 世纪 70 年代早期，麦当劳公司先以硬纸圈围绕大汉堡，再用纸和锡箔包装，然后放入红色的纸盒中。这么复杂的包装虽然不是依据任何单一功能发展出来的形式，但是能让精心烹调的汉堡从出炉到顾客嘴巴时，不会看起来或摸起来像是一团冰冷潮湿的面包，最起码在咬第一口时没有这种感觉。硬纸圈让双层大汉堡在所有的包装处理过程中不会歪斜或被压扁；纸能吸取多余的油脂，避免出现不雅观的滴油情况；而锡箔不仅能防止汉堡变冷、变干，还能遮盖纸上的油渍，防止顾客看到任何丑陋的外观而失去食欲；纸盒可以预防包装松开，同时增加大汉堡的色泽，以便与特制的调味酱相得益彰。这样的包装效果虽然不错，但是包装和拆开相当费时，未能符合快餐餐馆讲究快速的要求。

麦当劳在 1975 年引进了一种新的包装设计，新包装似乎没有旧包装的所有缺点。每个大汉堡分别装在聚苯乙烯“蛤壳”（clamshell）（见图 13-1）中，这种聪明的设计是以泡沫石油产品为原料制成的，只需一个动作就能将汉堡装在一个包装容器内，而消费者打开包装的程序也一样迅速简单。消费者更发现，打开的包装盖可以充当放薯条的碗。此外，盒子本身让人想起麦当劳的阁楼屋顶，同时也似乎是快餐连锁的最佳代言者。

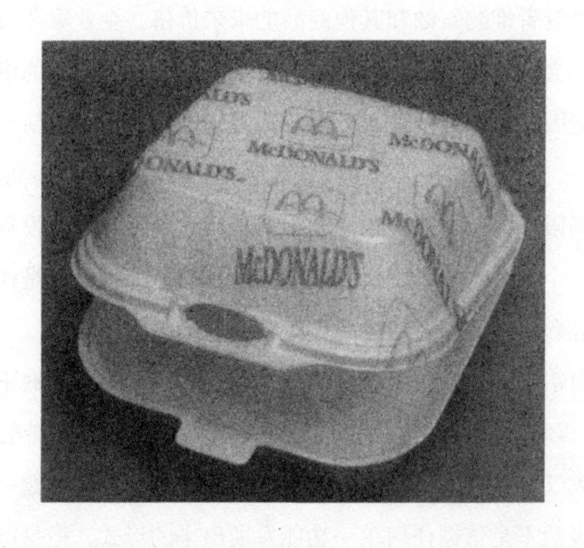

图 13-1　麦当劳的“蛤壳”包装推出时，被认为是速食汉堡的最佳包装。聚苯乙烯塑料盒不仅能保湿，还能吸收多余的油脂。此外，只要轻轻一盖就能完成包装，而打开的程序也同样容易。不幸的是，这种一度被赞誉为速食杰出包装设计的产品，竟因为环保运动的兴起而被抛弃，使得麦当劳又回到以前的纸包装。

新的汉堡包装并不完全是新点子，因为同样的材料早用在大家熟悉的、超市里随处可见的泡沫蛋盒，只不过快餐店的用法更出色。硬硬的塑料泡沫容器能保温保湿，吸收多余的油脂而本身又不会变潮湿或难看，同时带给大汉堡一个干净、漂亮、独特的包装。不仅如此，20 世纪 70 年代中期时舆论对纸张用作包装纸太浪费的关切之声日增，而蛤壳包装的出现似乎成了环境革新的新方法。

设计师们赞扬大汉堡的蛤壳包装是成功的典范，最后麦当劳的其他产品也以类似的包装销售，只不过印上适当的颜色来区分。经过一段时间后，基本的设计变成类似两层蛤壳相叠的包装。这种设计提供新上市的麦香（McDLT）三明治一种完整的分离式包装。双层的聚苯乙烯盒子可以将热热的汉堡放在一层，另一层则放冰凉的莴苣和番茄，直到顾客准备将两者合在一起食用。

麦当劳公司引进塑料包装盒之际，赞誉之声四起，以致大家似乎忽略不容易将大汉堡自深深的蛤壳盒取出的缺点，而以改良的蛤壳包装推出更新的麦香鸡时，原来设计的缺点便彰显无遗。包装盒子太大会使盒内的汉堡显得很小，如果盒子太密合，手指又很难伸进去取食物，所以必须将包装倾斜才好拿。新的麦香鸡包装盒，底部向上略凸，四壁向上渐宽，所以盒子打开时会突出汉堡的一面，以方便手指伸入取用。这项改良显然消除了原先设计上的小缺点，不过其他产品并未采用同样的包装，大概是因为“传统”设计已为大家所熟悉，所以麦当劳不擅自更改。但是不管如何熟悉，同样的设计从某些功能角度看是很成功的，但不久之后，从另一角度来看却变成了缺点。

环保意识不容小觑

蛤壳包装引进不到 10 年就被批评为浪费，同时对环境构成威胁。纸张包装自然还是个未解的问题，不过塑料包装的问题更严重，因为用来制造塑料泡沫容器的氟氯碳化物（CFCs）和保护地球的臭氧层破洞有关。于是麦当劳转而使用不含氟氯碳化物的塑料包装以回应大众对环境的关切，这项逐渐废除的过程在 1988 年完成。到 1990 年时，麦当劳连续强调其使用法人团体推荐的材料的决心，并表示这项行动获得环保机构的全力支持，而即使环保团体和麦当劳在维护臭氧层方面的努力一致，但是其他的问题不见得能随之解决。

聚苯乙烯塑料盒的使用寿命非常短，只从柜台到餐桌上而已，而其使用不但增加了垃圾负担，也带来污染问题。蛤壳塑料包装由于不能自然分解且占据庞大垃圾场空间，故无法符合环保人士的要求。到了 80 年代晚期，环保激进分子的持续批评促使麦当劳致力于开发可回收塑料容器，不过有人对这项努力的经济性与可行性质疑。聚苯乙烯蛤壳包装最常被举为漠视环境的例子，因为将聚苯乙烯制的沙拉盒、涂有聚乙烯的纸杯、聚丙烯制的吸管，以及其他快餐包装等处理方式不同的物质混合使用，很难达到回收效果。再者，清理这些垃圾也是问题重重，欲缩小体积的话，则又脏又麻烦；如果不清洗、不压缩就堆积起来，不但会发出恶臭还很占空间。最后，麦当劳在 1990 年宣布，该年年底前将开始淘汰塑料包装而恢复纸包装。

麦当劳消耗的塑料泡沫容器约占阿摩科泡沫制品公司（Amoco Foam Products Company）销售量的 10%，为美国地区每年生产的 10 亿磅泡沫包装的百分之七八。麦当劳能在一夜之间作出决定，是因为当初受到环保团体越来越强烈的抨击时，该公司就一直在衡量以纸张包装取代塑胶包装的利弊得失。消息公布时，该公司总裁和环境保护基金（Environmental Defense Fund）的董事面前堆着一堆高高的泡沫塑料盒和一堆体积较小的纸。对于麦当劳的决定，环保人士并未异口同声地赞扬。虽然环境运动基金会（Environmental Action Foundation）表示“聚苯乙烯的制造过程颇具污染性，而苯乙烯单体更可能致癌”，不过全国奥杜邦学会（National Audubon Society）一位科学家对麦当劳宣布的消息并不怎么感兴趣，他指出纸张也同样是污染源。

其他人则利用包装设计改变的时机另做文章。麦当劳决定改采纸包装的消息公布之后，其主要竞争对手之一的汉堡王在报纸上刊载全页广告：“汉堡王赞赏麦当劳的新环保意识。”不过广告的下文则是：“欢迎加入我们的行列。如果您在1955年就加入，现在地球会是什么新面貌？”汉堡王就是从公司成立不久的1955年起全面使用纸包装的，只有聚苯乙烯制的咖啡杯除外，不过从1990年晚期开始，这些杯子也渐为厚纸杯取代。

这些决定显然是政策考量多于技术考量，可见器具进化过程背后所隐藏的复杂推动力。传统智慧认为技术对社会的影响是无法消减的，就像诗人爱默生（Ralph Waldo Emerson）所写的“事物当权，驾驭人类”。不过，同样的隐喻也可以作另一层的引申：对于负担太重或不利人类的器具，我们既能发明也能迅速摆脱。但是，不管对塑料盒到汉堡等各种事物的形式产生影响的作用力为何，这些力量的背后还有个统一的原则，亦即“失败是改革的动力”，不论是保持汉堡新鲜、温热的技术功能，或是使环境健康、干净的社会功能皆然。某一特定包装未能符合上述任一功能，就会引发改变或重新设计的动力。不过，正如汉堡包装10多年来的进化显示，现在认为是失败的事物，在15年后可能不然。

可以理解的是，人们共同的记忆似乎无法超过4年之久。就客观性而言，我们的技术记忆也同样短暂，而且容易受口号和承诺而非本体和证据的影响。有关泡沫“蛤壳”盒子对大汉堡和麦香三明治的贡献，是纸包装做不到的，这一事实毕竟是相当客观的判断。麦当劳为回应环保意识而宣布新决定时，其总裁不得不承认新包装的保温功能远不如泡沫蛤壳。根据报道，该总裁表示“从70年代早期最后使用纸包装时，在烹调上的改进应能弥补这项缺点”，他还说，“烹调过程的进步已经迎头赶上纸包装的缺点”。而这段声明的真实性则被浓缩成品味的问题。至于麦香三明治，因为它的特色主要在于双层分开包装，所以废除泡沫塑料盒的使用实在是“很棘手的问题”。事实上，新包装出现时，麦香三明治就不再上市了。

洞悉未来

设计问题困难重重，而解决的方法不仅在于设计师对问题背景的了解，同时还取决于他对未来发展的洞悉程度。操纵有轮子的交通工具的人，就工具本身的性质来看，是属于前瞻性的。最早的手推车是拉的而不是推的，这样使用的人才能毫无阻碍地看清前面的路，或许这是模仿拉犁的动作而来。不久，驯兽取代人类，而唯一类似的动力在后而不在前的交通工具则一直是由人力驱动的。

中国的水路网非常发达，所以有很长一段时间，其道路和附有车轮的交通工具未能发展成像西方一样复杂的技术。不过，被认为在1800年前就出现的中国独轮手推车，则是一种匠心独具的构造（见图13-2）。这种中国独轮手推车有个直径3到4英尺的大轮子，安装的位置离车子中心很近。轮子上半部装着一个木架子，小心翼翼地在木架上堆上很重的物品并用绳子捆绑，能使物品前后左右达到平衡，这样一来推车人身上所增加的负担不大，可以专心导引手推车。

据说这种手推车的前身是两轮手推车，而在狭窄的田间小径上使用两轮手推车的功效不大。单轮的工具还能勉强在平坦的田径上行进，但除非拉车的人格外小心且不时回头看，要不然单轮手拉车还是容易滑落到田里，所以演进的方向就是让拉车者可以看清车子前面的路。

中国之外也有单轮手推车，西方的手推车和中国的形式相似处不多，而是完全由一种两人合抬、类似担架的无轮木桶单独演进而成（见图13-3和图13-4）。这种两人合抬的木桶主要是个前后有手把的桶子，在采矿和建筑的狭窄通道或临时桥梁上使用。虽然这种木桶在短程搬运上效果显著，但是其最大的缺点是不能一人操作。不过，在前后手把中间加装一个轮子就能把问题解决了，现在不仅一个人也能搬动，而且受重负担和原来没两样。两人合抬的木桶必须由前面的人引导，所以西方最

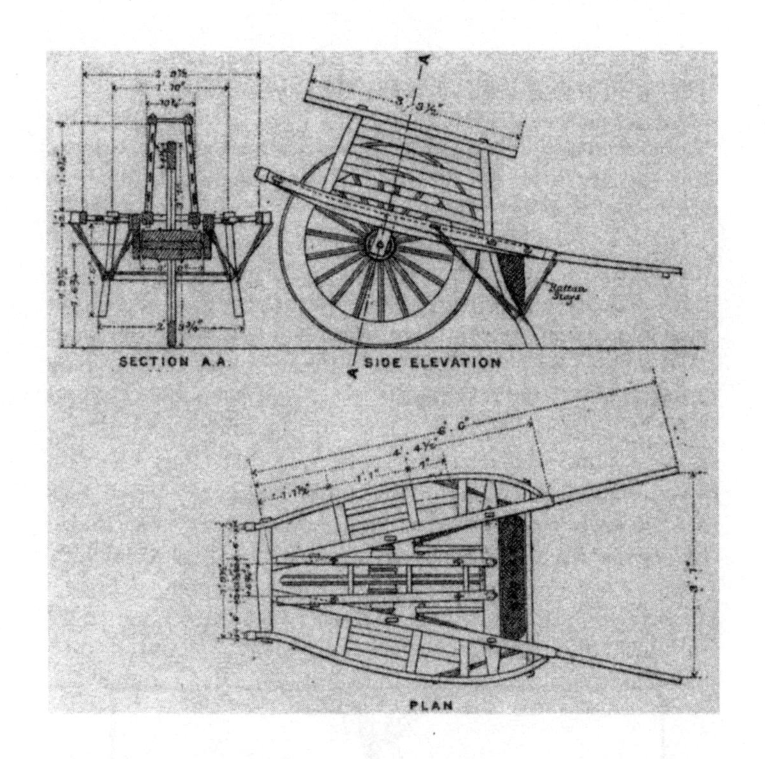

图 13-2 中国的独轮手推车的构造方式是让笨重、庞大的物品可以捆绑在架子上，以便在大车轮上取得最佳的平衡。这种装载、平衡的方式，对推车人的负担不大，而且能让推车者专心操纵车子。

早的单轮手推车也可能是用拉的。但在狭窄的通道上拉车，就像在田间小径上拉车一样不便，所以自然演进为推车，虽然姿势微蹲看起来有点奇怪，不过推的人可以清楚地看清行径路线。

前瞻性的确是设计的本质，不过器具都是经过一段长而坎坷且变化不定的时期才有现在的形貌。当第一部无马的马车出现时，可选择的形式之多，好比在自行车的结构上装置摩托车的零件一样。最初设计汽车的人自然专注于动力的开发、创新，而不会费心在如何驾驶一部底盘还像马车的交通工具。比方说，控制马车的缰绳变成延伸到驾驶人手中的杠杆。

图 13-3　西方的手推车似乎从两人合抬、无轮子而类似煤斗的装置演进而来。本图出自狄德罗的《百科全书》。这种装置的唯一缺点是必须由两人同时搬运，但是在一副手把间加装一个轮子就能使问题迎刃而解。

图 13-4　此图为 16 世纪的阿格里科拉（Agricola）在有关采矿论文内的图示，这两辆独轮车和两个世纪后狄德罗的《百科全书》所描述的两人合抬的煤斗非常相像。独轮车强于煤斗之处在于只需一人操纵，不过煤斗的优点在于能将东西吊在架高的工作处。器具彼此相对的优缺点促成更多样化的器具。

当无马马车固定成为汽车的形貌，而马路也为配合汽车而作修整时，设计师也能专注于如何制造汽车及改善其功能等细节问题。美式的生产系统是任何事物都用机械大量生产，或是以类似机械的方式装配，从回形针到手枪皆然，而福特公司的汽车生产系统自然也是如此。汽车的设计问题在于让驾驶者看清汽车前进的路线。所有的设计师都认为他们能清楚看到前头的路，这是理所当然的，但在设计的旅途中，所有的道路都会分岔而进入丛林，至于哪一种设计会被接受则取决于样式和舒适度。

设计美学

飞机的流线型机身自然是因为飞机无法在空中有效飞行而改良的，但第一架莱特飞机的设计重点不在样式，而是当时设计上的首要问题，亦即如何操控飞机。操控的技巧越来越熟练之后，接着就是增加速度，而在人类迫切地想在天空飞行之初，机身的美学很少成为关心的重点。泪珠型（teardrop）在 20 世纪初就是众所皆知阻力最小的形状，到了 30 年代更被波音和麦道飞机采用；由于飞机是当代器具中最能具体表现未来概念的，所以也就定下器具的普遍形状。一般“静态”器具设计成流线型，绝不是基于功能所需，而圆形的订书钉、削铅笔机和烤面包机则被誉为设计的典型。

20 年代时，美国汽车开始出现流线型及一些小改变，不过稳固而拘谨的福特汽车为汽车美学树立了标准。前卫的流线型太“未来派”了，如富勒（Buckminster Fuller）在 1935 年芝加哥博览会中展示的 Dymaxion 车型，就不被视为现代车。1934 年克莱斯勒推出的气流（Airflow）系列，将当时设计的车体，挡泥板和车窗形状变圆、变细，是一种很知性的流线型，不过销售不佳。紧接下来的是原子弹爆炸后的战后时期，1947 年的斯蒂庞克（Studebaker）汽车宣告真正流线型车身的来临。虽然斯蒂庞克的车身造型要归功于洛伊，不过他很感谢斯蒂庞克的总裁扮演将草图化为现实的重要企业角色。随着未来（喷射机和原子弹的时代）的到来，汽车的形式不再墨守旧有的造型，而火箭的安定翼在 1948 年开始成为凯迪拉克车尾的装饰。50 年代期间，汽车尾翼比例越来越大，每年新车型的尾翼设计都比前一年来得更夸张，这没有任何功能上的作用，只是因为这种新样式有助于汽车的销售。

1957 年人造卫星史普尼克号（Sputnik）绕行地球，揭开太空竞赛的序幕以及新的设计美学。发射卫星的火箭上必须有安定翼，但是卫星本身不需要流线型机身或水平尾翼，也能在大气层上方完全无摩擦的真空状态绕行。史普尼克号的成功来得太突然，所以汽车设计师无法将之应用在即将上市的最新车型上；但是，假以时日，未来的展望则是朝向月球和外太空。不过流线型的特色却妨碍航天飞机通过大气层返回地球，于是星际探查工具的设计师们重申类似盒子状机身的重要性，航天飞机也成了设计和运输选择的表现形式。80 年代引进的汽车轮廓和航天飞机的机鼻非常相似，而汽车的名字，例如福特的太空之星（Aerostar），不需想象就能知道它们要传达的意象。汽车出厂上市的速度就像卖汉堡一样，而简单的车型又无法满足设计的许多功能，所以不管汽车本身或是包装方面，解读消费者对未来的期待及喜恶，关系着市场营销的成败。

浴室不上锁

虽然所有的设计必须具前瞻性，但是多变的流行趋势，不全然会推动所有的设计或是促成设计上的改变。设计的最佳原则总是实物重于流行，永恒的理念胜于短暂的噱头。设计问题源于现有某些事物、系统或程序未能达到预期的功能，同时也来自设计师们想象可能失败的预期情境。

拉尔夫·卡普朗（Ralph Caplan）的《设计》（*By Design*）一书因其有趣的副标题《为什么路易十四大饭店的浴室没有锁》（*Why There Are No Locks on the Bathroom Doors in the Hotel Louis XIV*）而闻名。他将浴室门这个主题写成了“产品和情境循环的巧例”，同时也是“产品和环境的最佳融合以及最能表现设计过程的例子”。卡普朗使用的语言比较像工业设计师而不像工程师，不过他所强调的饭店问题确实是个绝妙的例子，很适合用来说明设计必须一直往前看，前瞻产品未来的使用场合和情境以及可能的不足。

坐落在魁北克湖畔的路易十四大饭店在毁坏之前，打出私人浴室的宣传，但是其隐私性既有限又不安全，因为所谓的私人浴室其实是夹在两间客房之间，而且两边都有门可以进入。私人家中通常是几间卧房共用一间浴室，或者浴室的一门通卧室而另一门通走廊，所以这种设计并不罕见。上述所有情境中的浴室，设计的目标在提供使用者隐私权。达成目标的方法自然有许多种，不过最常见的就是在门上装锁，这样使用者就可以防止外人闯入。这个方法的缺点是门锁出现太频繁容易让人产生挫折感，因为使用者用完浴室后常忘了将第二个锁也打开，对下一个使用者造成不便。如果是兄弟姐妹共用一间浴室，尖叫求助也许会有结果，但通常再不方便也只是走到另一个门或是家里的其他浴室。浴室太常被锁住的家庭可以将所有的锁去掉，并信任大家会先敲门再进浴室。

不相关的客人共用浴室的情况，问题就比较不好解决。我曾在圣路易的华盛顿大学对街的一家很棒的老房子待过，这房子正是两间客房共用一间浴室。个别的客人会在空闲的时候使用，而且通常会将一些无法替换的东西，譬如幻灯片或是手稿留在房间。因此，房间通浴室以及浴室里头的门最好都能上锁以确保隐私权。这种设计的结果常造成浴室没人却进不去，同时又找不到管理人的窘境。解决的方法包括在浴室门旁的梳妆台贴上显眼而且印得漂漂亮亮的告示，提醒每个客人在离开浴室之前，将通往其他客人房间的门打开。不过，我想这个不方便方法的受害者并不只有我。

不管是因为顾客常忘了打开邻房的浴室门，或者像路易十四大饭店本身有不寻常的远见（见图 13-5），预期到利用锁作为进入私人浴室之安全装置的缺点，使饭店想出一个独特的方法来解决这一问题。浴室的每扇门在客房一侧都装了锁，要不然陌生人可能会闯进共用的浴室，不过浴室内的门则没有锁。使用浴室的人只要将固定在两个门把手上各 3.5 英尺长的皮带在中间扣上，隐私问题就解决了。虽然这样也多少会妨碍使用者的行动，不过确实能有效预防其他人在浴室有人时开门闯入，而要离开浴室一定得先把皮带解开，才能开门出去。

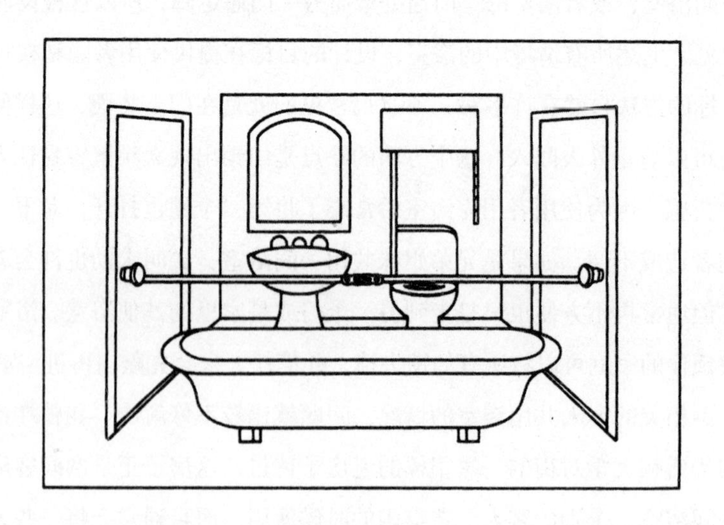

图 13-5　这张路易十四大饭店的浴室简图显示，使用者（不在图内）将固定在门上的皮带扣上可以确保隐私权。使用者必须将皮带解开才能离开浴室，所以不会忘了打开通往另一个房间的门。

百年公害的隐忧

太专注于目前的设计问题，不管是把浴室锁上以确保隐私权，或是把食物制成罐头以供保存，其结果通常会衍生更繁难的设计问题。在塑料制品四处充斥之前，纸篓和垃圾桶通常是铁制的，里头的垃圾常倒到更大的收集桶。丢在垃圾桶里的苹果核或香蕉皮可能在桶底发臭，味道会在办公室留上好几天，而空饮料罐则会滴得桶底黏黏的。不久，垃圾桶会变得粗糙、湿黏，而经过多年的使用，垃圾桶表面早在倒垃圾的过程中刮伤、凹陷或是损坏，再加清洗只会使它生锈得更厉害、更难看。当人们开始把垃圾袋套在垃圾桶内时，似乎解决了垃圾桶不好看和不卫生的问题，同时对倾倒垃圾的清洁工而言，塑料袋是一种更有效率、更舒适的方法。只要将装满的垃圾袋提起来再换个新的即可，而公共场所的大垃圾桶的处理方法亦同，对丢垃圾和处理垃圾的人来说都很方便。前者可以有更干净的垃圾桶，而后者的工作则变得更轻松、更方便。

塑料袋改变了人们使用垃圾桶的习惯，但在某些情况下，反而使得卫生和景观恶化，这是始料未及的。由于垃圾袋只要没有裂缝就不会漏，所以大家愈来愈不在意丢进垃圾桶的是什么东西了。吃了一半的酸奶、喝了一半的饮料或是任何吃剩的东西，以前会先拿到厕所里冲到排水沟，现在则是想也不想就往垃圾桶丢。毕竟塑料袋什么都能装，而且在还来不及变味或滋生苍蝇之前就会被拿走。许多倒垃圾的人则发展出另一套截然不同的方法，他们还是以老方法将桶子倒过来把垃圾清理掉，但垃圾袋则不常换。这么做也许是要节省袋子，也许是要节省换袋子的时间，结果垃圾袋底部留有残渣，至少还未破洞的袋子是这样的，而办公室的卫生情况或味道绝不比以前来得好。

公共场所的垃圾桶也好不到哪儿去。快餐和事先包装的食物使得含食物的垃圾大量增加。由于这类食物都不算美味可口，所以套上垃圾袋的桶子常装满煮熟和潮湿的垃圾。老鼠很多的地方常有垃圾桶被翻搅的现象，躲在阴暗垃圾桶内的老鼠会发出嘈杂声或类似靠近的脚步声，惊吓不少路人。满溢的垃圾袋（尤其经过长假期）若不是被垃圾尖锐的边缘刺破，就是被老鼠刮破。这些又满又臭的袋子自然会换新，不过一早走在垃圾车行经的道路上，可以发现垃圾桶和垃圾车停过处之间的路面上有许多黏稠的痕迹。由于大部分的垃圾轻而占空间，所以垃圾车上都有压缩的装置，以便装载更多的垃圾，但是压缩垃圾就像是把葡萄柚榨成一半，袋内的液体会喷出来，然后依地心引力的法则落下。垃圾车无法承载所有的液体，液体会从车底流到柏油路上。收集垃圾的清洁人员注意到这种现象，故把垃圾车停放在防洪排水沟上，好让液体流到下水道中。但是天气干燥时，脏水就留在原地，蒸发出恶臭，不消几天臭味就会变得让人难以忍受。

预访冲击

表面上是为改善人类生活质量而设计的垃圾袋，已经改变我们的行为和居住环境。除了处理上的恶臭和不卫生外，袋子本身也对私人和公共场所造成不良影响。为了保持袋子的形状并能装垃圾，必须把垃圾袋开口折出垃圾桶边缘，而不管怎么折法都无法令人赏心悦目。垃圾袋通常比桶大，清理时才能捆绑，但是多出来的部分必须折起来或拉到桶旁边，这让人想起有些老妇人习惯将自己的袜子拉到腿肚一半处。但是，不管是折起来或是卷起来，垃圾桶原本的设计是为配合干净、有效率的环境，或是在公园里不致太突兀，结果却像包装拆了一半，不怎么雅观。现在不管需不需要，似乎每个垃圾桶都会套上塑料袋。我常去的一家图书馆严禁携带食物饮料，但馆内每个垃圾桶还是都装上薄薄的塑料袋，而袋内装的只是纸张而已。如果有哪项设计由成功转为失败，那绝对是塑料袋，而现在它正等待革命性的改进。

任何物品的设计，从速食包装到垃圾桶，都必须跳离目前的使用需要。一件器具被引进人类和其周遭事物的世界，也会同时改变两者的习惯。这种改变不管是好是坏，一开始总是不明显，但如果设计师能跳脱眼前的目标前瞻未来，一定可以预设冲击的程度，这么做并不会让设计师们成为未来主义者。对解决旧问题或想象的问题所设计的新产品装置照单全收，通常会在改变的环境中产生更新、更复杂的问题。未来观经常成为现代的障碍，因此设计师有义务细心谨慎地超越形貌和短期目标，深入探讨设计的本质和长期的影响。用在商业上则是必须跳离每季的底线，而从公司的未来着眼。

第十四章　永远有待改进

幽默作家兼社会评论家的拉塞尔·贝克（Russell Baker）在《工程师进行曲》（March of the Engineers）专栏中，对他办公室的新电话系统的复杂性感到悲哀。不仅每个人都得学习使用方法，新电话有些特色，例如转接，对贝克而言更似乎是技术走过头了。因为他希望能到远方旅行，而自己的电话不会跟着他到处跑。贝克在结论中将新电话系统定义为："工程师精益求精之下产生的梦魇之一"。

任何一种技术改变都有被诅咒或是被赞扬的可能，某个评论家认为"相当满意"，对另一个评论家而言则是严重不足，而评论家的角色，即使是同一个人，也会因时因地而有所不同。以电话转接为例，另一个记者可能觉得，如果截稿期限迫在眉睫，而他正试着追踪某个人以确定新闻细节时，这个特色就非常棒。

在 20 世纪晚期的科技时代对新电话系统感到悲叹者，并不止贝克一人。诺曼在《日用品的设计》一书中写道："新电话系统是设计无法让人理解的另一个最佳实例。"事实上，复杂的按键电话正好提供很好的范例，说明诺曼对"增加而非减少人类生活压力"的现代设备所提出的质疑。诺曼说他不管走到哪里，都能"找出任何一种系统中特别不好的例子"，而对每个尝过适应新工具之苦楚的人而言，他所陈述的事听起来都很真实。

我们学校最近也安装了一套复杂的新电话系统，我最初的反应和贝克及诺曼有许多类似之处。我讨厌失去自己熟悉的黑色拨盘式旧电话机，因为我已清楚如何操作它的单排分机和内线键。不消多久我就开始怀念起旧电话来，为了对抗这种怀旧之情，我开始思考新电话系统改善了哪些旧缺点。我那部黑色的旧电话和相连接的另外几十部同样的内线电话共享三条外线，而其中只有一条外线能打长途电话。当我打电话时，通常得等其中一个键的灯熄了，而且速度要比另一个也想打电话的同事快，才能捷足先登；如果拨错号码，或者对方忙线，很可能错失机会而把线路拱手让人。自从装了新电话，我不曾再等过一次线路，而且还学会了一些便利的新特色，比方说，按某个键电话就能自动重拨一长串号码，而按另一个键时，电话在线路空档时会自动响铃提醒。

至于转接，我的电话也具备这项功能。不过，度假时我并未利用这项功能将电话转接到海边的住所，而是将电话转到秘书的住处，这样一来，在我不能或不想接电话时，她可以留话或是处理一些事情。此外，我还能按个键就同时终止电话铃声并启动录音机录下留言，方便时才听取电话内容并回电。贝克的新电话可能有更多特色，而他可以随自己喜爱自由选择使用或是漠视这些新功能的存在。从我的观点来看，工程师们不但达到精益求精的目标，也让我有取舍的选择。

我承认新电话在使用之初是够令人望而生畏的。陌生的电话按键加上似乎令人头昏眼花的各项功能已足以令人却步，还得和一大群同事围着电话解说员听说明，而他用的全是自己熟悉的行话，讲解速度又快，我们虽听不懂，但也不愿屈尊请教。我想，很多同事和我一样，私下在办公室详读那份令人费解的使用手册，最后才一项一项把各种功能搞懂。我们之中如果有人学会某项奥妙的新功能，一定会在午餐时暗示大家，假使他是第一个知道如何使用这项新功能的人，他会感到自豪。同样的，每个人都害怕自己成为最后一个摸清使用某些奇特功能的人。

新科技症候群

对于演进的科技又爱又怕，这种现象并不是什么新鲜事。我记得按键式电话刚引进时，我还嘲笑这种新玩意儿呢！我天真地以为按键式电话的唯一目的是加快打电话的速度，所以对那些连拨七个号码回家都没有时间的人，不禁加以嘲笑。但这些只是我在社会脉动较慢而电话号码又短的社会中，所拥有的一些不成熟的经验罢了。拨一串号码后另一州的电话会响，这么一个简单的事实，当时还让我敬畏不已。我的手指习惯于拨号码盘那不合人体工程学但还算舒服的动作，至少在关节炎妨碍手指行动之前是这样的。我想不出有谁需要其他拨电话的方式，或需要加快拨电话的速度。但现在用过按键式电话之后，如果有时必须使用某些家庭里的拨盘式电话机，我发现自己很难适应，而且觉得相当厌烦。手指弯成“9”的形状在号码盘旋转了 270 度以上之后，如果还要拨下一个号码，似乎得无止境地等下去。

这些科技在事后回顾时都具备相当多的优点，但是为什么最初引进时会让一些人难以接受？部分原因可能是因为习惯所孕育的满足感，最起码对我们双手而言越来越熟悉的无生命器具是这么一回事。新事物可能伴随新功能出现，这不仅有侵入性，而且带有威胁性。像黑色老式的拨盘电话，终究被我们提升成为文化的一部分，我们可以不经思考的自己使用它，看别人使用它，因为它已经融入生活，不再是惹人注目的东西。电影演员如果只拨了 6 个电话号码，或者 7 个号码相同，可能是该电影的败笔，除非这种错误在剧情上另有含义。按键式电话机的引进好像使上述一切成为过去式。有些人甚至花了相当长的一段时间才明白，这种新电话也为我们带来不同的新事物。伴随按键动作出现的电子音调，变得和旧式旋转号码盘前进后退时的咔嗒声一样熟悉，有些时候听起来还真像某些我们喜爱的歌曲的片段。我从断奏式的按键法中找到乐趣，而且是速度越快满意度越高。电话号码也有了视觉效果，有些号码得在实际明确的按键过程中才记得起来。我的自动提款密码是平行的，听取录音机留言内容时按的号码是垂直的，如果没有这些视觉和肢体记忆，我可能得奋斗一番才能取出现金或是听取留言机的留言内容。

最新的电话系统当然不是尽善尽美，但哪一项装置不是这样呢？各种器具和其下游辅助器的演进，例如电脑语音系统中的软硬件，一般都会经历“好”、“比较好”、“最好”的阶段，而最后的“最好”阶段永远有段距离才能达成，就像香格里拉一样难以触及。演进过程本身经常是峰回路转的，有时得中途停止，有时走错方向，有时得折返或出现各种状况。尤其当技术本身很复杂而研究目标又不明确时，要达到完全令人满意并为人接受的结果，更得经过许多失败、疑虑。刚开始时，新技术的设计者和使用者可能无法完全了解其功能，因而延误其进步，甚至可能连带影响其他技术的进步。

贝克所述有关电话的某些挫折感，最近在一些电气设备上也有所闻。《设计新闻》（*Design News*）这份商业杂志的编辑，就该杂志认为应该设计得更好的某些消费品，在社论中提出并加以讨论。该杂志的读者大多是设计师或工程师，而这篇社论也引发许多读者的共鸣，于是许多人也自己列出“恼人的产品”加以回应。很多人都提到包装，认为它“太完美无缺”而且“很难打开”。这当然是个老掉牙的问题，就像食肉动物撕裂猎物或是岛民和掉落的椰子奋战一样。我们知道早在有效率的开罐器出现之前就有罐头存在，而要取得现今多重塑料包装之内的产品可能费时又令人心生挫折，就像客机乘客试着打开赠送的花生米一样。设计师们实在没理由把包装弄得这么紧密，最后连消费者都不禁要批评起来。

电子设备的开关控制也算是一种包装，因为除非我们精通用法，否则无法使用盒子里的产品。《设计新闻》的读者普遍抱怨“数字钟、表和录放机的设定技巧”。这是可以理解的，有谁没经过尝试错误就能一步跃过各种线圈的考验，让新电子器具服服帖帖发挥功能？我个人的经验则是，一旦熟悉一些操作新时钟或录放机的基本步骤之后，就很少进一步探究开关控制的其他功能，这样一来，自然未曾完全解开电子设备的包装，了解其他特色。

电子产品的反讽发展

尽管我们操控电子设备的技巧不完美，而且挫折不断，但我们还是陆陆续续买进成群的电子设备。1990 年前，3/4 的美国家庭拥有微波炉，而有录放机者也超过 60%。没有这些设备的家庭如果不受别人嘲讽，至少也是广告公司的宣传对象。金星电子（Goldstar Electronics）的一项宣传活动，强调其产品的“人性化”特质，该公司承认“大多数消费者认为市面上的电子产品很难或根本无法操作”，而它想传达的则是其产品是“以人为考量来设计的”。对于电子工业产品日趋复杂化造成这种反讽性的发展，金星电子希望有别于其他有名的竞争对手，故嘲笑自己的产品是“较不复杂”而容易使用。

消费性电子设计的基本功能及特色，很少受到质疑。数字钟是要报时、显示日期及当闹钟定时等；录放机要能同步录制节目、播放带子，同时还要能定时录像或在我们收看某个电视节目的同时，录制他台节目。这些目标已明确融入设计问题的进程，现在则标示在目录或商品架上，而展示商品样式繁多，尤其在旋转盘和控制钮的造型上，这不过进一步否定“功能决定形式”的概念而已。事实上，正如我们一再见证的，器具之所以不断朝向“完美境界”演进，正是因为其功能未能完全符合某些人想象的境界，但使用者同时也不断适应现有器具的不完美，这种相对关系很讽刺。不过，任何东西都离不开使用者，即使在演进过程中亦然。

下一个竞争领域

为什么设计者一开始不把事情弄好？这个问题大概是可理解的。不管是电子用品设计者不关心其成品的实际操作情形，或者他们对自己产品的内容太过熟悉，以至于无视于其外在表现，消费者和诺曼这类的批评家们有个共识，亦即所有的人工制品很少能达到当初承诺的标准。诺曼将“可使用的设计”定为“下一个竞争领域”的特色，他平淡地说道：“警告标签或大型说明手册都是不足的征兆，企图用来掩饰设计原本就该避免的问题。”他所言自然属实，不过，设计者怎么一直这么没有远见呢？

从回形针、微波炉到吊桥，各项设计的首要目标是要让器具发挥其基本功能。不管是夹住纸张、烹调食物或是横跨河流都好。设计者通常会先注意这些功能，然后在设计过程中，逐渐熟悉其他人需要或者想要的功能。比方说，最初设计回形针的人先在心中熟悉铁丝的弯法，然后是纸上作业，最后才是机器生产。他们会学到，有些铁丝如果弯得太紧会断裂，有些铁丝的弹性不足以制作回形针。不久他们就会找出最适合的铁丝，并弯成自己愿意接受（而目标通常不明确）的形状，但更可能的情况是会出现一大堆结构不同的回形针，就像是一个个专利权申请的例子所显示的，而各种不同形状之间存有相对的优缺点。这些设计师同其企业、制造和营销伙伴，从所有设计形式中挑选出一种加以制造销售。虽然最终产品的使用方式一直是考量目标，不过参与设计过程者对设计构想的目标会变得异常熟悉亲切，故操作起来谨慎且简易，绝非未参与者可以理解的。就像利用一个新设计的回形针夹一堆纸这么一个简单的动作，对设计者而言永远比第一次使用者来得容易多。

即使特别将新产品交给以人为重点、以设计人性化产品为任务的设计师，最终的成果也不过就是预期该产品可能出现的缺点。举例来说，如果设计者默认所有使用者都使用右手，对 10% 左手使用者而言，这项设计产品永远不会是人性化的。成功完全决定于对失败的预期和回避，除非产品用在实际生活中而不是实验室，否则无法真正预测所有可能使用和被滥用的情况。因此，新产品很少是接近完美的，不过我们依然购买并适应它们，因为不管再怎么不完美，总有一项可用的功能。

信任技术的迷思

不管新器具或技术系统的命运是被接受或排斥，其演进过程一样都是相对性和比较性的。其实贝克可能会诅咒工程师们多事，不断精益求精，不过，所谓“够好的”（well enough）人工制品得视情况而定。从某个观点来看，史前生活对史前人类已经够好够舒适了，事实上，当时存在的器具和技术在时代本质的界定上扮演着相当重要的角色。根据定义，史前器具和生活方式（十分？）适合史前时代的世界。“技术进步是提升文明的必要条件”这项论证，充其量不过是句赘言，最后也只是类似“需要为发明之母”的神话。

最终掌控科技演进事实的因素可能与掌控自然演进事实的因素一样，难以用语言表达。这不是说毫无动力的作用，而是暗示有种演进过程和人类生命与生活的过程密不可分。技术及其辅助器具与人类共存亡，而人类的义务则是领悟它们及我们自身的本质，不管会如何不完美或错误百出。在物物相随一如子随父母的微观空间和时间（microcosmic and microtemporal）的阶段，理解是最容易达成的；而在解决成名与默默无闻、伟大与渺小、接受与拒绝等两难问题时，理解的作用最是敏锐，它平等地解释两者的根源，同时在共通的脉络中解释其成就的差异。

有关不足的各种说明，正如本书从头到尾所作的个案研究，提供我们概念基础以理解器具形式演进和其密不可分的技术结构。很明显，现存技术不足的概念作用，促使发明家、设计家、工程师们改良他人可能认为合适或起码可以使用的器具、技术。不足和改良的标准并非完全客观，因为一长串的标准，从功能到美学，从经济到道德，在最后分析阶段都会影响器具发挥作用。虽然如此，每项标准必须根据可能出现的缺失加以判断，这虽比用成功希望来判断容易些，不过总有主观性存在。主观性也许可以缩减成专业讨论范围内的客观性，但当不同的人和团体汇集在一起讨论成功和失败的标准时，共识是捉摸不定、很难达成的。

越简单且判断标准越少的器具，其形式自然比较容易决定而且争议性少。以回形针为例，它不具威胁性又容易掌握，似乎很容易得到批评家和专栏作家的赞赏而非指责，而且也容易被一般大众当成是项小小的神奇物。除了发明家，还有谁想得到呢？同时，仔细研究技术性较低的人工制品也能发觉最复杂器具如何演进的本质。另一方面，像核电厂这类复杂的系统可以细分成许多层面，判断标准不计其数，技术极其复杂，很难轻松让人进入，但是哪个人能不关心它呢？像电话系统一类的复杂性和重要性则居中。不管器具的技术层面为何，如果决定所有器具演进的原则相同，则更深入理解其中一种，就能让我们更加了解并掌握其他的器具。

至少就社会意图而言，所有的技术都是立意良善吗？简单的答案是“不”，因为我们之中总有些人会对技术进行剥削，就像对人剥削一样。说实在的，正如魔术师长久以来利用各种噱头和道具欺骗观众，无耻和不肖的商人也经常滥用科技，或是利用消费者信任技术的客观性而大玩把戏。肉贩把手指放在肉秤上，可能是这类欺骗最原始的例子，而同样想法但更复杂的手法则在远古时代就存在了。大约 25 个世纪以前，《物理学》的作者亚里士多德问道，为什么大秤比小秤来得准确？运用包含圆周运动的特质的复杂几何概念说明之后，他解释到，由于小秤容易要诈。所以不诚实的坏商人喜欢用小秤而不用大秤："高贵的商人将绳子偏离真正的中心点，将铅倒入秤的一端，或者是将较重的木头装在对他有利的一边，这就是他们装置磅秤骗人的伎俩。"只要是对商人有利的一点点不平衡，就可以利用长长的秤臂加以扩大，所以商人喜欢小秤以掩人耳目。

温暖的心，冷静的脑

但是人类这样离经叛道地使用技术，不过是对科技的控诉，就像全人类控告罪犯一样。设计者和工程师在判断上并非不会犯错，有时他们可能还帮了不肖商人的忙，正如我们难免会犯错，他们有时也会犯错。我们在转错弯路时都表现得信心十足，但这种情形发生时，最好的应对之道是尽快承认错误，将车子停在路边，然后查询地图以回归正途。不过我们也都知道，沿着错误的方向走，尤其是有其他人同行时，要比承认错误并改正来得容易。设计师和工程师毕竟是人，他们也会有同样的弱点，尤其是当他们在技术上的短视使得他很难或无法兼顾其他层面的设计问题时更是如此。技术头脑加上善解的大众，是防止设计误入歧途的最佳武器。

人们即使厌恶自己正使用的器具，但人类对不完美器具的适应能力或许是决定其最终形式的重要因素。尽管贝克对新电话系统抱怨不已，但毫无疑问，他最后还是会适应它，或许还会对曾经认为是麻烦、高深莫测的某些特色感谢不已（不过不会表现出来罢了）。重要的不是技术无情的进步，而我们如果不追随一致的步调，将有被遗忘在后之虞；重要的是绝大多数器具在形式和功能上的演进，都是立意良善而且是为精益求精的。

人们很容易适应周遭器具和技术环境，通常这正是我们接受改变的阻力，尤其是当我们年岁渐长，对熟悉的事物和操作方式已积习难改时，惯性更大。比方说，旧式电话没有转接等特色，所以我们必须接受错失电话这件事实，或者想办法接听，而相当依赖电话的记者或其他人，可以在自己不在时请同事、秘书、助手或利用电话留言机接听。我们不需要不一样的东西，不过一旦可以取得新事物，有人就能立即看到它的优点。新电话的自动特色让独自在家工作的自由工作者，只要有一部电话就能拥有相当于办公室职员有助手和电话网络的便利。不过，首先拥抱最新科技的人，通常是有经济能力而且对旧器具又不太熟悉的年轻一代。

不管我们的敏感性是追随年老的世界观察家或新生一代，影响并塑造我们生活的器具形式，通常成形自某人对现有器具的不满，这个人可能是个以技术批评家的特殊方式观看事物的工程师、设计师或发明家。如果他有资金生产改良器具的原型，或者他具备社交天赋或说服力，能游说公司赞助者或企业家生产，则我们在新旧之间又多了一项选择。某些情况下我们被剥夺选择权，因为制造商可以有自己评判缺点和改良的标准，而这些标准牵涉到工厂的盈亏。因此，对消费者而言是项必要的改良，但对制造商而言却可能不会带来利润。把器具制作得更轻薄、便宜，就像调整一件不能精确报时的时钟一样，都必须依据器具缺点的概念作决定。

“较”与“最”

形式的演进始于缺点的概念，而经由比较性的语言传播开来。“较轻”、“较薄”、“较便宜”等都是改良的比较性断言，而将这类声明附加在新产品上的可能性会直接影响产品形式的演进。竞争的本质就是争取优越权，因此“最轻”、“最薄”、“最便宜”等最高级的声明经常成为最终的目标。但当目标不止一个时，各个目标之间常是彼此不相容的，因此最轻、最薄的水晶也可能是最贵的。不过，器具形式的限制也由缺点决定，因为太轻、太薄的水晶可能根本不能使用。

我曾见过一位晚宴客人让自己小孩用细致的欧瑞诗（Orrefors）牌高脚杯喝水，结果把它打破了。那个小孩可能习惯咬果酱杯或是厚厚的塑料杯，因此毫不在意高脚杯的质地，将它咬成一地碎片。由于当时整个事件发生太突然，可能把小孩吓住了，所以玻璃片从他张开的嘴巴掉下来。小孩的嘴巴或感官都没有受伤，不过他的母亲觉得很不好意思，而身为主人的我则剩下一套不完整的水晶杯。

小孩的妈妈提出要补偿过失，于是就订了一个新的高脚杯。新杯子送来时，我太太立刻发现它比原来的高脚杯厚，因此，剩余的其他杯子也跟着换新了。不过这些新杯子的价钱和原来那套当作结婚礼物的旧杯子差不多，但不及原来的轻薄。原来那套酒杯正是欧瑞诗达到最轻薄的极限时制造的，而新订的酒杯则是消费者抱怨这些杯子易碎的时候制造的。当然啦，制造出比欧瑞诗更轻、更薄的高脚杯也可能有人想过，但是那种杯子连大人都得格外小心使用，而清洗杯子更是一件令人担忧紧张的工作。由于水晶杯太轻、太薄，所以将酒杯摆放在不加垫的桌子上时，只要稍稍倾斜都可能造成裂痕。将水晶杯制造得更薄可以让光线折射更细致，但高脚杯的使用频率也随之变少，绝大部分的时间只能陈设在器柜里观赏，另外得用较坚固耐用的水杯和酒杯，才能让用餐者尽情享用而不必提心吊胆，担心打破水晶杯。

如果我们对设计界的了解不只是我们握在手中操作的器具，同时也包括其制造和配套的组织制度，那么我们可以将任何器具的改变，解释为回应其原来的形式无法如预期满足真正或想象的需要。但由于真正（更别说是想象）的缺点只是定义和程度的问题，所以某项特色对某人而言是改良，对另一个人来说可能就是每下愈况。许多得到专利的器具所标榜的“创新”、“有用”，只对发明者和专利审查者有意义，这些物品只存在于少数几人的心中，停留在设计图或是原型阶段，不过其出现的缺点远不如最成功的消费产品来得多。

拉比诺曾说过设计防盗锁（pick-proo flock）的故事，这是一项改良现有锁头缺点的发明。设计更安全的锁这个点子，是利用一小片非常薄的铁片做成钥匙，用钥匙将制栓移到正确的位置。传统的撬锁工具，例如金属发夹，因为太厚所以会将制栓移出开锁的位置，故不能发挥作用。拉比诺取得锁头和钥匙两项专利权，但无法将点子卖给任何一位制造商，因为他的钥匙看起来样子“很特别”。对于洛伊所说的“最先进但可以接受”的设计，拉比诺的回应方式是将以下的座右铭献给制造商：“精益求精，但不要任何改变。”

进步的原动力：不满

商业品味的惯性能真正预防事物的形式改变得太快太多，不过，天底下没有一成不变的形式，而无可争议的缺点则比比皆是。不管察觉的人是制造商、独立发明家或是消费者，某件竞争或想象的产品如果有太轻或太重、太薄或太厚、太贵或太便宜的缺点，都会引起改变，而不论变化多小，最终都会影响我们周遭既成事实的世界。爱迪生拥有 1093 件专利的记录，他为了让现代生活出现几件相当普遍的人工制品，曾陷入无可避免的技术改变循环之中。爱迪生偏好圆柱形的录音机，事实上，这几乎是直接沿袭第一部留声机的旋转装置而来的。当他的竞争对手想出平圆盘式唱片时，爱迪生最初抱持排斥的态度；这种唱盘需要一个转盘，当唱针由唱片沟纹自外向内移动会改变声音。不过当消费者基于平圆盘式唱盘容易收藏而开始偏爱它时，爱迪生替他的竞争对手将唱片进一步改良为两面录音，如此一来使得收藏变得更有效率。只要发现事物有缺点，爱迪生就无法感到满意，他曾在日记上写道："不安即不满——而不满是进步的第一要素。让一个对周遭事物完全满意的人来见我，我一定能指出缺点来。"

现代社会中存在的器具数目之广，足以确保未来社会有更多的器具出现，因为现存的每件事物都必须接受某些不安而不满的人的严格审视，这些人并不认为"够好"就足以免除缺点的存在。"让够好的事物保持原状"这种保守性的请求毫无用处，因为文明进步本身就是不断改正（有时甚至矫枉过正）错误和缺点。

对某人而言是好的事物，换个人就不尽然了。左撇子一直学习如何在对他们有偏见的社会里生存，因为我们的门把手、学校书桌、挂钩、拔塞钻和其他无数日常用品，都是为使用右手的人设计的。如果左撇子将自己的球套留在家中，打球时就必须向他人借用右手手套，然后套在左手上。但是，除了外野手手套和少数的学校书桌外，左撇子在其他器具上很少有选择的机会，他们只能学习在右撇子的社会中生存，一般而言，他们似乎也未表示过迫切需要任何适合左手使用的特殊装置。

但诚如我们说过的，特殊器具的演进并不是来自大众需要，而是来自对现有事物缺点的特殊观察。因此，发明家和制造商已经设计了左手用器具，而位于伦敦布鲁尔大街（Brewer Street）的"左撇子天堂"（Anything Left Handed Limited）一类的专卖店，更以由左至右排页编码的目录，提供顾客各种左手适用的商品。虽然其中有些商品的娱乐性多于实用性，比方说以逆时针方向运转的时钟，不过左手适用的镰刀和长柄勺等花园用工具则是左撇子的福音。旧金山也有类似的商店，有个朋友的太太就是在那儿替他找到了一把左手用的瑞士刀。他原本不知道有这么方便的工具存在，只好以自己的方法适应传统瑞士刀，现在他则迫切地向人展示如何用左手手指打开新刀，如何以相反方向旋转拔塞钻。

左撇子天堂的厨房料理刀，手把形状和刀身锯齿都为配合左手而制造。餐刀和面包叉也一样。该店内的每件器具，都是针对左撇子在使用为右撇子设计的器具时发现的缺点或麻烦加以修正改良的。这正是器具多样化及技术演进的范例，因为器具一经使用就会呈现缺点，至少对我们之中某些人而言是如此。发明家、设计师和工程师不见得是第一个发现技术问题及目标的人，不过他们却是最先想出解决方法的人；同时，我们则倾向于接受我们生活的世界不尽完美，对小小的不方便能随遇而安。我们甚至会修正自己的行为以适应科技，直到发现另一个引起惊叹且可以使用的替代品为止，就像左撇子一直适应右撇子的工具一样。

参考文献

Agricola, Georgius. *De Re Metallica.* Translated by Herbert Clark Hoover and Lou Henry Hoover. New York: Dover Publications, 1950.

Alexander, Christopher. *Notes on the Synthesis of Form.* Cambridge, Mass.: Harvard University Press, 1964.

Anonymous. "Behold the Lowly Paper Clip . . . It's Still a 'Gem.'" *Office Products,* October 1975.

Aristotle. *Minor Works.* Translated by W. S. Hett. Cambridge, Mass.: Harvard University Press, 1980.

Armistead, Don. "The Lore of the Abrasive Little Strawberry," *The Chronicle of the Early American Industries Association,* September 1991, pp. 91–92.

Army & Navy Co-operative Society. *The Very Best English Goods: A Facsimile of the Original Catalogue of Edwardian Fashions, Furnishings, and Notions Sold . . . in 1907.* New York: Frederick A. Praeger, 1969.

Bacon, Francis. *The Advancement of Learning and New Atlantis.* Edited by Arthur Johnston. Oxford: Clarendon Press, 1974.

Bailey, C. T. P. *Knives and Forks.* London: The Medici Society, 1927.

Baird, Ron, and Comerford, Dan. *The Hammer: The King of Tools.* Privately printed, 1989.

Barsley, Michael. *The Left-handed Book: An Investigation into the Sinister History of Left-handedness.* London: Souvenir Press, 1966.

Basalla, George. *The Evolution of Technology.* Cambridge: University Press, 1988.

———. "Transformed Utilitarian Objects." *Winterthur Portfolio 17* (Winter 1982): 183–201.

Beckmann, John. *A History of Inventions, Discoveries, and Origins.* Translated by William Johnston. 4th ed., revised and enlarged by William Francis and J. W. Griffith. London: Henry G. Bohn, 1846.

Benker, Gertrud. *Das Wilkens-Brevier vom silbernen Besteck: Wissenswertes von A–Z.* Bremen: M. H. Wilkens & Sohne GmbH, [1990].

Bessemer, Henry. *Sir Henry Bessemer, F.R.S.: An Autobiography.* London: Offices of *Engineering,* 1905.

Biederman, Irving. "Recognition-by-Components: A Theory of Human Image Understanding." *Psychological Review* 94 (1987): 115–47.

Bijker, Wiebe E., Hughes, Thomas P., and Pinch, Trevor, eds. *The Social Construction of Technological Systems: New Directions in the Sociology and History of Technology*. Cambridge, Mass.: MIT Press, 1987.

Billington, David P. "Aesthetics in Bridge Design—The Challenge." In *Bridge Design: Aesthetics and Developing Technologies*. Edited by Adele Fleet Bacow and Kenneth E. Kruckemeyer. Boston: Massachusetts Department of Public Works and Massachusetts Council on the Arts and Humanities, 1986, pp. 3–16.

———. *The Tower and the Bridge: The New Art of Structural Engineering*. New York: Basic Books, 1983.

Boggs, Robert N. "Rogues' Gallery of 'Aggravating Products.'" *Design News*, October 22, 1990, pp. 130–33.

Bradley, Mrs. Julia M. *Modern Manners and Social Forms*. Chicago: James B. Smiley, 1889.

Bronowski, Jacob. *The Origins of Knowledge and Imagination*. New Haven, Conn.: Yale University Press, 1978.

Brown, Kenneth A. *Inventors at Work: Interviews with 16 Notable American Inventors*. Redmond, Wash.: Tempus Books, 1988.

Brunel, Isambard. *The Life of Isambard Kingdom Brunel, Civil Engineer*. London: Longmans, Green, 1870.

Burlingame, Roger. *Inventors Behind the Inventor*. New York: Harcourt, Brace, and Company, 1947.

Butterworth, Benjamin. *The Growth of Industrial Art*. Washington, D.C.: Government Printing Office, 1888.

Caplan, Ralph. *By Design: Why There Are No Locks on the Bathroom Doors in the Hotel Louis XIV and Other Object Lessons*. New York: St. Martin's Press, 1982.

The Chronicle of The Early American Industries Association, various issues.

Church, Fred L. "The Tin Can: After 190 Years, Still Going Strong." *Modern Metals*, February 1991, pp. 22, 24, 26, 28, 30, 32.

Clarke, Donald, ed. *The Encyclopedia of Inventions*. New York: Galahad Books, 1977.

Coppersmith, Fred., and Lynx, J. J. *Patent Applied For: A Century of Fantastic Inventions*. [London]: Co-ordination Ltd., 1949.

Couch, Tom D. *The Bishop's Boys: A Life of Wilbur and Orville Wright*. New York: W. W. Norton, 1989.

[Day, C. W.] *Hints on Etiquette: And the Usages of Society with a Glance at Bad Habits*. New York: E. P. Dutton, 1951.

de Bono, Edward. *Eureka!: An Illustrated History of Inventions from the Wheel to the Computer*. New York: Holt, Rinehart and Winston, 1974.

Deetz, James. *In Small Things Forgotten: The Archaeology of Early American Life.* Garden City, N.Y.: Anchor Press/Doubleday, 1977.

de Vries, Leonard. *Victorian Inventions.* New York: American Heritage Press, 1971.

Diderot, Denis. *A Diderot Pictorial Encyclopedia of Trades and Industry* . . . Edited by Charles Coulston Gillispie. New York: Dover Publications, 1959.

Dow, George Francis. *Every Day Life in the Massachusetts Bay Colony.* Boston: Society for the Preservation of New England Antiquities, 1935.

Dreyfuss, Henry. *Designing for People.* New York: Paragraphic Books, 1967.

Eco, Umberto, and Zorzoli, G. B. *The Picture History of Inventions: From Plough to Polaris.* Translated by Anthony Lawrence. New York: Macmillan, 1963.

Edelson, Nathan. "An Inventor Goes to Washington." *Design News,* November 5, 1990, pp. 95–99.

Edison, Thomas Alva. *The Diary and Sundry Observations.* Edited by Dagobert D. Runes. New York: Philosophical Library, 1948.

Edison Lamp Works. *Pictorial History of the Edison Lamp.* Harrison, N.J.: General Electric Company, [ca. 1915].

Edwards, Owen. *Elegant Solutions: Quintessential Technology for a User-friendly World.* New York: Crown, 1989.

Farrell, Christopher J. "A Theory of Technological Progress." Unpublished manuscript.

Federico, P. J. "The Invention and Introduction of the Zipper." *Journal of the Patent Office Society* 28 (December 1946): 855–76.

Feldman, David. *Why Do Clocks Run Clockwise? and Other Imponderables: Mysteries of Everyday Life.* New York: Harper & Row, 1987.

Ferguson, Eugene S. "The Mind's Eye: Nonverbal Thought in Technology." *Science* 197 (August 26, 1977): 827–36.

———. *Engineering and the Mind's Eye.* Cambridge, Mass.: MIT Press, 1992.

Forty, Adrian. *Objects of Desire.* New York: Pantheon, 1986.

Friedel, Robert. *A Material World: An Exhibition at the National Museum of American History.* Washington, D.C.: Smithsonian Institution, 1988.

Furnas, J. C. *The Americans: A Social History of the United States.* New York: Putnam's, 1969.

Garrett, Alfred B. *Flash of Genius.* Princeton, N.J.: Van Nostrand, 1963.

Giblin, James Cross. *From Hand to Mouth: Or, How We Invented Knives, Forks, Spoons, and Chopsticks & the Table Manners to Go With Them.* New York: Crowell, 1987.

Giedion, Siegfried. *Mechanization Takes Command: A Contribution to Anonymous History.* New York: W. W. Norton, 1969.

Glegg, Gordon L. *The Development of Design.* Cambridge: University Press, 1981.

Goldberger, Paul. *On the Rise: Architecture and Design in a Postmodern Age.* New York: Penguin Books, 1985.

Goodman, W. L. *The History of Woodworking Tools.* New York: David McKay, 1964.

Graves, Donald. "Bedding, Beds, and Bedsteads." *Early American Life,* October 1987, pp. 56–59, 72.

[Gray, James.] *Talon, Inc.: A Romance of Achievement.* Meadville, Pa.: Talon, Inc., 1963.

Greeley, Horace, et al. *The Great Industries of the United States: Being an Historical Summary of the Origin, Growth, and Perfection of the Chief Industrial Arts of this Country.* Hartford, Conn.: J. B. Burr & Hyde, 1873.

Grover, Kathryn, ed. *Dining in America: 1850–1900.* Amherst: University of Massachusetts Press, 1987.

Gurcke, Karl. *Bricks and Brickmaking: A Handbook for Historical Archaeology.* Moscow, Idaho: University of Idaho Press, 1987.

Hagan, Tere. *Silverplated Flatware: An Identification and Value Guide.* Rev. 4th ed. Paducah, Ky.: Collector Books, 1990.

Hall, Florence Howe. *Social Customs.* Boston: Estes and Lauriat, 1887.

Harris, Alan. "Model Childhood," *New Civil Engineer,* June 13, 1991, p. 23.

Harter, R. J. "Patent It Yourself," *Design News,* November 18, 1991, pp. 93–97.

Heimburger, Donald J., ed. *A. C. Gilbert's Heritage.* River Forest, Ill.: Heimburger House, 1983.

Heskett, John. *Industrial Design.* New York: Oxford University Press, 1980.

Himsworth, J. B. *The Story of Cutlery: From Flint to Stainless Steel.* London: Ernest Benn, 1953.

Hindle, Brooke. *Technology in America: Needs and Opportunities for Study.* With a directory of artifact collections, by Lucius F. Ellsworth. Chapel Hill: University of North Carolina Press, 1966.

Hindle, Brooke, and Lubar, Steven. *Engines of Change: The American Industrial Revolution, 1790–1860.* Washington, D.C.: Smithsonian Institution Press, 1986.

Holzman, David. "Masterful Tinkering of Genius." *Insight,* June 25, 1990, pp. 8–17.

Homer. *The Odyssey: The Story of Odysseus.* Translated by W. H. D. Rouse. New York: New American Library, 1949.

Hooker, Richard J. *Food and Drink in America: A History.* Indianapolis: Bobbs-Merrill, 1981.

Hounshell, David A. *From the American System to Mass Production, 1800–1932: The Development of Manufacturing Technology in the United States.* Baltimore: Johns Hopkins University Press, 1984.

Hughes, Thomas P. *American Genesis: A Century of Invention and Technological Enthusiasm, 1870–1970.* New York: Viking, 1989.

Hume, Ivor Noël. *A Guide to Artifacts of Colonial America.* New York: Alfred A. Knopf, 1970.

International Paper Company. *Pocket Pal: A Graphic Arts Digest for Printers and Advertising Production Managers.* New York: International Paper Company, 1966.

Jackson, Albert, and Day, David. *Tools and How to Use Them: An Illustrated Encyclopedia.* New York: Alfred A. Knopf, 1978.

Jenkins, J. Geraint. *The English Farm Wagon: Origins and Structure.* Lingfield, Surrey, Eng.: Oakwood Press, 1961.

Jewitt, Llewellynn. *The Wedgwoods: Being a Life of Josiah Wedgwood; with Notices of His Works and Their Productions, Memoirs of the Wedgwood and Other Families, and a History of the Early Potteries of Staffordshire.* London: Virtue Brothers, 1865.

Jones, Nancy Cela, ed. *Edison and His Invention Factory: A Photo Essay.* [Washington, D.C.]: Eastern National Park and Monument Association, 1989.

Kamm, Lawrence J. *Successful Engineering: A Guide to Achieving Your Career Goals.* New York: McGraw-Hill, 1989.

Kasson, John F. *Rudeness and Civility: Manners in Nineteenth-Century Urban America.* New York: Hill and Wang, 1990.

Kleiman, Dena. "Older Than Forks, Safer Than Knives." *New York Times,* January 17, 1990, p. C4.

Klenck, Thomas. "Pliers." *Popular Mechanics,* September 1989, pp. 71–74.

Laughlin, M. Penn. *Money from Ideas: A Primer on Inventions and Patents.* Chicago: Popular Mechanics Press, 1950.

Learned, Mrs. Frank. *The Etiquette of New York To-day.* New York: Frederick A. Stokes Co., 1906.

Loewy, Raymond. *Industrial Design.* Woodstock, N.Y.: Overlook Press, 1979.

———. *Never Leave Well Enough Alone.* New York: Simon and Schuster, 1951.

Love, A. E. H. *A Treatise on the Mathematical Theory of Elasticity.* New York: Dover Publications, n.d. [reprint of 4th ed., 1927.]

Lubar, Steven. "Culture and Technological Design in the 19th-Century Pin Industry: John Howe and the Howe Manufacturing Company." *Technology and Culture* 28 (April 1987): 253–82.

MacLachlan, Suzanne. *A Collectors' Handbook for Grape Nuts.* Privately printed, 1971.

MacLeod, Christine. *Inventing the Industrial Revolution: The English Patent System, 1660–1800.* Cambridge: University Press, 1988.

Mason, Otis T. *The Origins of Invention: A Study of Industry Among Primitive Peoples.* London: Walter Scott, 1907.

Mayne, Charles. "Note on the Chinese Wheelbarrow." *Minutes of Proceedings of the Institution of Civil Engineers* 127 (1897): 312–14.

McClure, J. B., ed. *Edison and His Inventions . . .* Chicago: Rhodes & McClure, 1879.

A Member of the Aristocracy. *Manners and Rules of Good Society: Or Solecisms to Be Avoided.* 33rd ed. London: Frederick Warne and Co., 1911.

———. *Manners and Tone of Good Society: Or Solecisms to Be Avoided.* 4th ed. London: Frederick Warne and Co., n.d.

Mercer, Henry C. *Ancient Carpenters' Tools: Together with Lumbermen's, Joiners' and Cabinet Makers' Tools in Use in the Eighteenth Century.* Doylestown, Pa.: Bucks County Historical Society, 1951.

Minnesota Mining and Manufacturing Company. *Our Story So Far: Notes from the First 75 Years of 3M Company.* St. Paul, Minn.: Minnesota Mining and Manufacturing Company, 1977.

Morris, Danny A. "Emanuel Fritz Paper Clip Collection," *American Collector,* July 1973, pp. 12–13.

Moxon, Joseph. *Mechanick Exercises, or the Doctrine of Handy-Works.* Morristown, N.J.: Astragal Press, 1989 [reprint of 1703 ed.].

Mumford, Lewis. *Technics and Civilization.* New York: Harcourt Brace Jovanovich, 1963.

Noesting, Inc. *Catalogue.* 1989.

Norman, Donald A. *The Design of Everyday Things.* New York: Doubleday, 1989.

Panati, Charles. *Panati's Extraordinary Origins of Everyday Things.* New York: Harper & Row, 1987.

Papanek, Victor. *Design for Human Scale.* New York: Van Nostrand Reinhold, 1983.

———. *Design for the Real World: Human Ecology and Social Change.* New York: Pantheon, 1971.

Park, Robert. *Inventor's Handbook.* White Hall, Va.: Betterway Publications, 1986.

Petroski, Henry. *The Pencil: A History of Design and Circumstance.* New York: Alfred A. Knopf, 1990.

———. *To Engineer Is Human: The Role of Failure in Successful Design.* New York: St. Martin's Press, 1985.

Pinchot, Gifford, III. *Intrapreneuring: Why You Don't Have to Leave the Corporation to Become an Entrepreneur.* New York: Harper & Row, 1985.

Pitt-Rivers, A. Lane-Fox. *The Evolution of Culture and Other Essays.* Edited by J. L. Myers. Oxford: Clarendon Press, 1906.

Post, Emily. *Etiquette: "The Blue Book of Social Usage."* New and enlarged ed. New York: Funk & Wagnalls, 1927. [Also other editions, as noted.]

Pressman, David. *Patent It Yourself.* Berkeley, Calif.: Nolo Press, 1985. [Also 3rd ed., 1991]

Pye, David. *The Nature and Aesthetics of Design.* London: Barrie & Jenkins, 1978. [Reprinted, London: The Herbert Press, 1988.]

———. *The Nature and Art of Workmanship.* Cambridge: University Press, 1968.

Rabinow, Jacob. *Inventing for Fun and Profit.* San Francisco: San Francisco Press, 1990.

Rainwater, Dorothy T. and H Ivan. *American Silverplate.* West Chester, Pa.: Schiffer Publishing, 1988.

Read, Herbert. *Art and Industry: The Principles of Industrial Design.* London: Faber and Faber, 1934.

Richman, Miriam. "Antique Woodworking Tools." *Early American Life,* August 1990, pp. 26–28, 58.

Rossman, Joseph. *The Psychology of the Inventor: A Study of the Patentee.* New and revised ed. Washington, D.C.: Inventors Publishing Company, 1931.

Rybczyński, Witold. *Home: A Short History of an Idea.* New York: Penguin Books, 1987.

Schaefer, Herwin. *Nineteenth Century Modern: The Functional Tradition in Victorian Design.* New York: Praeger, 1970.

Schroeder, Fred E. H. "More 'Small Things Forgotten': Domestic Electrical Plugs and Receptacles, 1881–1931." *Technology and Culture* 27 (July 1986): 525–43.

Sears, Roebuck and Company. *Catalogue.* Various editions.

Segelcke, Nanna. *Made in Norway.* Oslo: Dreyer, 1990.

Simon, Herbert A. *The Sciences of the Artificial.* 2nd ed. Cambridge, Mass.: MIT Press, 1981.

Singleton, H. Raymond. *A Chronology of Cutlery.* Sheffield, Eng.: City Museums, 1970.

Smith, Adam. *An Inquiry into the Nature and Causes of the Wealth of Nations.* Oxford: Clarendon Press, 1880.

Squires, Arthur L. *The Tender Ship: Governmental Management of Technological Change.* Boston: Birkhäuser, 1986.

Steadman, Philip. *The Evolution of Designs: Biological Analogy in Architecture and the Applied Arts.* Cambridge: University Press, 1979.

Straub, Hans. *A History of Civil Engineering: An Outline from Ancient to Modern Times.* Cambridge, Mass.: MIT Press, 1964.

Strung, Norman. *An Encyclopedia of Knives.* Philadelphia: J. B. Lippincott, 1976.

Sturt, George. *The Wheelwright's Shop.* Cambridge: University Press, 1934.

———. *William Smith, Potter and Farmer: 1790–1858.* Firle, Sussex, Eng.: Caliban Books, 1978. [Facsimile of original ed., 1919, published under the pseudonym George Bourne.]

Tannahill, Reay. *Food in History.* New ed. New York: Crown, 1989.

Thompson, D'Arcy Wentworth. *On Growth and Form.* Edited by John Tyler Bonner. Cambridge: University Press, 1961.

Time-Life Books, eds. *Inventive Genius.* Alexandria, Va.: Time-Life Books, 1991.

Timoshenko, Stephen P. *History of Strength of Materials: With a Brief Account of the History of Theory of Elasticity and Theory of Structures.* New York: Dover Publications, 1983. [Reprint of 1953 ed.]

Tunis, Edwin. *Colonial Craftsmen and the Beginnings of American Industry.* Cleveland: World, 1965.

Turner, Noel D. *American Silver Flatware, 1837–1910.* South Brunswick, N.J.: A. S. Barnes, 1972.

Underhill, Roy. *The Woodwright's Companion: Exploring Traditional Woodcraft.* Chapel Hill: University of North Carolina Press, 1983.

———. *The Woodwright's Shop: A Practical Guide to Traditional Woodcraft.* Chapel Hill: University of North Carolina Press, 1981.

Usher, Abbott Payson. *A History of Mechanical Inventions.* New York: McGraw-Hill, 1929.

Vanderbilt, Amy. *Amy Vanderbilt's* New *Complete Book of Etiquette: The Guide to Gracious Living.* Garden City, N.Y.: Doubleday, 1963.

Vincenti, Walter G. *What Engineers Know and How They Know It: Analytical Studies from Aeronautical History.* Baltimore: Johns Hopkins University Press, 1990.

Viollet-le-Duc, Eugène Emmanuel. *Discourses on Architecture.* Translated by Henry van Brunt. Boston: James R. Osgood, 1875.

Vitruvius. *The Ten Books on Architecture.* Translated by Morris Hicky Morgan. New York: Dover Publications, 1960.

Vogue. *Vogue's Book of Etiquette and Good Manners.* New York: Condé Nast, 1969.

Wallace & Sons Manufacturing Company. *How to Set the Table.* 19th ed. Haverhill, Mass.: Horace N. Noyes, [ca. 1915].

Ward, Montgomery, and Company. *Catalogue.* Various editions.

Watson, Garth. *The Civils—The Story of the Institution of Civil Engineers.* London: Thomas Telford, 1988.

Watson, J. G. *A Short History.* London: Institution of Civil Engineers, 1982.

Wedgwood, Josiah. *Selected Letters.* Edited by Ann Finer and George Savage. London: Cory, Adams & Mackay, 1965.

Weiner, Debra. "Chopsticks: Ritual, Lore and Etiquette." *New York Times,* December 26, 1984, p. III, 3.

Weiner, Lewis. "The Slide Fastener." *Scientific American,* June 1983, pp. 132–36, 138, 143–44.

White, Francis Sellon. *A History of Inventions and Discoveries: Alphabetically Arranged.* London: C. and J. Rivington, 1827.

Wilkens Bremer Silberwaren AG. Various catalogues and publications.

Williams, Susan. *Savory Suppers and Fashionable Feasts: Dining in Victorian America.* New York: Pantheon, 1985.

Wolff, Michael F. "Inventing at Breakfast." *IEEE Spectrum,* May 1975, pp. 44–49.

图书在版编目（CIP）数据

日用器具进化史 /（美）亨利·波卓斯基著；丁佩芝，陈月霞译．—杭州：浙江大学出版社，2017. 12

书名原文：The Evolution of Useful Things

ISBN 978-7-308-17627-9

I.①日… II.①亨… ②丁… ③陈… III.①日用品—技术革新—普及读物 IV.① TS976.8-49

中国版本图书馆 CIP 数据核字（2017）第 274912 号

日用器具进化史

［美］亨利·波卓斯基 著　丁佩芝　陈月霞 译

责任编辑　王志毅
文字编辑　王　雪
营销编辑　杨　硕
装帧设计　周伟伟
出版发行　浙江大学出版社
（杭州天目山路 148 号　邮政编码 310007）
（网址：http:// www.zjupress.com）
制　　作　北京大有艺彩图文设计有限公司
印　　刷　北京市燕鑫印刷有限公司
开　　本　635mm × 965mm　1/16
印　　张　13.5
字　　数　168 千
版 印 次　2018 年 1 月第 1 版　2018 年 1 月第 1 次印刷
书　　号　ISBN 978-7-308-17627-9
定　　价　48.00 元

浙江大学出版社发行中心联系方式：(0571) 88925591；http://zjdxcbs.tmall.com

浙江省版权局著作权合同登记图字：11-2017-128 号